녹차 한 잔 어떨까요,
침묵 속으로 들어와서
눅진 마음
빳빳하게 풀기 세우는
한 잔의 산빛 온기.
꿈이 있던 자리에 돋아나는
작은 공허는,
비 오는 날
피우지 못한 무지개.
비 오는 날에는
풍경화 속의 산마을에도
비가 내리고
가슴이 젖습니다.
녹차 한 잔 어떨까요.

— 김명배 〈녹차〉

소소한 일상
차 한잔의 여유

소소한 일상
차 한 잔의 여유

초판 1쇄 인쇄 2015년 2월 3일
     1쇄 발행 2015년 2월 13일

지은이 김용주

펴낸이 김영선
기획 · 편집 이교숙
디자인 차정아

펴낸곳 (주)다빈치하우스-미디어숲
주소 서울시 마포구 독막로8길 10 조현빌딩 2층(우 121-884)
전화 02-323-7234
팩스 02-323-0253
홈페이지 www.mfbook.co.kr
출판등록번호 제 2-2767호

값 13,800원
ISBN 978-89-91907-63-8 (03590)

이 도서의 국립중앙도서관 출판예정도서목록(CIP)은 서지정보유통지원시스템 홈페이지(http://seoji.nl.go.kr)와
국가자료공동목록시스템(http://www.nl.go.kr/kolisnet)에서 이용하실 수 있습니다.
(CIP제어번호: CIP2014038057)

소소한 일상
차 한잔의 여유

김용주 지음

미디어숲

차의 고향 섬진강변에서

식물이 땅 속에 뿌리를 내리고 있는 것은 수분과 무기물을 취하기 위해서이고 잎사귀가 하늘을 향하는 것은 신령스러운 빛을 취하기 위해서이다. 차는 자신의 뿌리를 대지에 튼튼히 내리뻗고 온 우주의 정기를 흡수하여 작은 잎사귀 한 잎한 잎마다 알알이 채운다.

우리가 마시는 한 잔의 녹차에는 이 수많은 물질들이 녹아 있어 그 효능을 과학적으로 입증하기 위한 많은 연구가 진행중이다. 아직 효능이 과학적으로 확실하게 입증되지 않는 부분도 있지만 녹차가 심혈관계 질환이나 암에 효과가 없다고 부정하는 사람은 아무도 없다.

이 세상의 모든 것을 과학이라는 좁은 틀 속으로만 몰아넣을 수 있을까? 강물처럼 흐르는 시간 속에서 진리는 계속 변화하고 있으며 우리가 인식할 수 없는 세계라 할지라도 진리일 수 있다. 점차 과학의 물질적인 틀이 스스로 무너지면서 형이상학으로 흐르고 있다. 의학을 공부한 나와 녹차와의 만남도 같은 맥락에서 이해될 수 있을 것 같다.

녹차와의 만남과 교감은 순식간에 이루어졌다. 우연히 녹차를 마시며 원감국사가 지은 시 한 편에 대한 이야기를 나누는 자리에 앉게 되었다. 신선들이나 나눌 법한 이야기들을 옆에서 듣고만 있었다.

녹차를 타고 따라주는 예절은 마치 한 마리의 학이 춤을 추는 것 같았다. 여러 잔의 차를 마시며 맑은 녹차 속에서 민들레꽃들이 무수히 피어나는 것을 보았다. 투명한 슬픔들이었다. 가슴이 아파왔다. 먼 과거로부터 흘러온 슬픔들은 나의 호기심을 강하게 자극하였다.

순천 청소골에 있는 정혜사를 찾아갔다. 단아한 대웅전 뒤로 울창한 대나무 숲들이 있었다. 좁은 산길을 따라 올라가니 대나무 사이에 녹차나무들이 자라고 있었다. 고려시대에 이 정혜사에 원감국사라는 유명한 스님이 계셨고 이 대나무 숲에서 자란 녹차를 마시며 차에 관한 많은 시들을 지었다고 한다.

아무도 없는 숲 속에서 오랫동안 대나무들을 스치는 바람소리를 듣고 있었다. 노을에 물든 하늘은 아름다웠고 고요한 정적은 나를 눈물짓게 만들었다. 투명한 슬픔을 만나기 위하여 나의 왕초보 녹차 생활은 시작되었다. 녹차에 대한 경험이 많지도 않고 해박한 지식도 없었지만 첫사랑에 빠진 소년 같은 열정으로 나는 녹차에 대한 자료들을 모으고 글을 써내려가기 시작했다.

녹차 한 잔 하실까요?

투명한 슬픔 위로 아지랑이 같은 행복이 피어난다.

김 용 주

▌차례▐

05

녹차산업: 눈부신 변신과 성장 161

몸과 마음을 살리는
생명의 물, 녹차

물은 생명이다 | 녹차도 물이다 | 다양한 효능, 약용에서 음료로
건강을 지키는 파수꾼 | 이렇게 우려야 제 맛!
삶을 사랑하고 깨우치며 | 차 한 잔의 평화

물은 생명이다

지구상의 생물은 모두 물 속에서 시작되었다.

생물은 대사(代謝)와 번식에 필요한 다양한 화학물질과 에너지를 얻을 수 있는 액체 상태의 '물'이 없으면 생명이 존재할 수 없다.

사람도 예외일 수 없다. 물은 우리 몸의 70%를 이루고 있고 소화 · 흡수 · 순환 · 배설 등 각종 신진대사에 깊이 관여하고 있다. 혈액과 림프를 구성하는 주요 성분이며 체온을 유지하고 건강한 피부와 근육을 만들어 준다.

이 중 1~2%만 빠져나가도 심한 갈증과 고통을 느끼게 된다. 2~3주 굶어도 생

명을 유지할 수 있지만, 5%가 빠져나가면 혼수상태, 12%를 잃으면 죽음에 이르게 된다 마신 뒤 30초면 혈액에, 1분이면 뇌조직과 생식기에, 30분이 지나면 인체 곳곳에 직접적인 영향을 준다.

이처럼 물은 없어서는 안 되는 필수 요소다. 중요한 사실은 우리 몸에 흡수되는 물은 지나쳐서도 안 되고 모자라서도 안 된다는 것이다. 몸 속에 수분이 모자라면 병이 나기 쉽다. 근육에 탄력이 없어지고 심하면 만성피로, 발기부전, 심혈관질환, 정신질환(신경쇠약, 우울증 등)을 앓게 된다.

따라서 손실된 수분은 바로바로 보충해 주어야 하며 성인 기준으로 하루 평균 1~2 l 의 물을 추가로 마셔야 한다. 이런 문제를 해결하고 수분 균형을 이루는 방법은 우리 생활 속에서 물을 자주 마시는 것이다.

사람에게 물은 단순한 수분 공급원만은 아니다. 몸과 영혼의 근본적인 건강을 위해 필요한 자연치유력의 보고이다. 그래서 가능하다면 대자연의 맑고 건강한 정기가 가득 담긴 물을 골라서 마시도록 노력해야 한다.

물은 만물을 이롭게 하면서도 다투지 않는다.
물은 뭇사람들이 싫어하는 낮은 곳에 처하기를 좋아한다.
물은 형태나 모양을 고집하지 않는다.
물은 불처럼 아래에서 위로 올라가지 않는다.
물은 자신을 낮추며 흐른다.

WellBeing Sense

녹차도 물이다

대부분의 사람들이 하루 2ℓ 이상의 물을 마셔야 한다는 것은 알고 있으면서도 녹차 등을 통해 섭취하는 수분은 흔히 계산에서 제외하기 쉽다. 녹차는 수분 섭취에 도움이 안 될까? 그렇지 않다. 녹차를 마시면 이뇨작용으로 인해 소변량이 늘어나지만, 실제 수분 섭취 효과까지 모두 소변으로 배출되는 것은 아니다.

식사 후

식사 후에 바로 녹차를 마시는 것은 소화불량을 일으키므로 삼가야 한다? 아니다. 위는 우리가 먹은 식품을 소화하기 위해 물을 필요로 한다. 따라서 소화불량을 일으킬지도 모른다는 생각에 식후에 녹차 마시는 것을 염려할 필요는 없다. 녹차는 위의 연동운동을 촉진하고 위액의 분비를 돕는 작용을 한다. 그러므로 식후 또는 식사중이라도 녹차를 마시는 것이 오히려 소화에 도움이 된다.

사우나에서

사우나의 체중 감량 효과는 수분 손실로 인한 일시적인 현상이다. 사우나를 하는 동안 과도한 땀을 흘리면 신체가 수분을 정상적으로 유지하기 어렵게 된다. 따라서 사우나에서 땀을 많이 흘렸을 경우엔 탈수를 막기 위해 녹차를 마셔서 수분을 충분히 보충해 주는 것이 바람직하다.

우선 녹차에는 열량이 적다. 1잔 열량은 1칼로리 내외로서 거의 물과 같다(콜라 1캔은 130칼로리가 넘는다). 게다가 녹차의 떫은맛을 내는 카테킨 성분이 지방을 분해하고 흡수를 막는다. 따라서 녹차를 마시면 몸 안에 지방이 쌓이는 것을 다소 막을 수 있다.

운동 후

운동 후 근육이 뭉치는 것은 수분 섭취가 불충분할 때 일어나는 현상이다. 운동 전후에는 열에 의한 소모를 피하고, 근육의 피로를 방지하기 위해서라도 녹차 음료를 마셔서 수분을 충분히 섭취하는 것이 좋다.

육류 섭취 후

녹차는 알칼리성 음료로서 몸에 필요한 무기질이 풍부히 함유되어 있다. 녹차에는 칼륨 함량이 높고, 나트륨, 칼슘, 마그네슘, 불소 등도 비교적 많다. 녹차를 우릴 때 첫 탕에서 대부분의 무기질이 용출되고 재탕 때는 극히 소량밖에 우러나지 않는다.

산 생성식품은 육류, 어류, 백미, 맥주, 소주 등이고 알칼리 생성 식품은 과일, 야채, 우유, 녹차 등이다. 따라서 불고기나 삼겹살 등의 육류를 섭취하고 난 후에 한 잔의 녹차를 마시는 것은 입 안의 청량감 이외에도 체액을 적정수준으로 유지하는 데 큰 도움이 된다.

약과 함께 복용시

단, 녹차나 홍차를 비타민제나 빈혈 치료제와 함께 복용할 때는 약효를 떨어뜨리거나 부작용을 일으킬 수 있으므로 될 수 있으면 의사와 상담한 후 복용해야 한다. 타닌 성분이 약의 고유 성분을 변화시켜 약효를 떨어뜨릴 수 있기 때문이다.

다양한 효능, 약용에서 음료로

녹차는 커피, 코코아와 함께 세계 3대 음료 가운데 하나로 현재 1백 60개국에서 즐기고 있다. 이들 음료 중 가장 오랜 역사를 가진 것이 바로 녹차이다. 중국은 차의 원산지로 기원전 2737년 신농(神農) 황제의 차 발견으로 시작하여, 4~5세기 양자강 위주로 차 문화가 보편화되었다.

녹차의 기원설은 여러 가지이다. 중국 전국시대의 명의 편작 때부터 시작되었다는 설이 있고, 고대 인도성의 왕자이며 명의였던 기파의 이야기도 있다. 기파가 여행을 떠난 사이 그의 딸이 병에 걸려 죽었는데 뒤늦게 돌아온 기파가 너무 애통해서 좋은 약을 딸의 무덤에 뿌렸더니 무덤에서 녹차나무가 돋아났다는 설이다.

그러나 가장 많이 알려진 것은 중국 당나라의 육우가 쓴 녹차의 경전이라 일컬어지는 다경에 나오는 신농씨의 이야기이다. 신농씨는 중국의 전설적인 왕으로서 한번은 독초에 중독돼 고통스러워하다가 우연히 발견한 나뭇잎을 먹고 해독이 되었다. 그 나뭇잎이 바로 녹차나무 잎이었다는 기록이다.

녹차의 기원설이 명의 이야기와 관련이 많은 것으로 미루어, 인류가 처음 녹차를 마시게 된 계기는 처음에는 약용으로 쓰이던 것이 차츰 기호음료로 발전된 것으로 보인다.

동의보감에서는 녹차의 효능에 대해 다음과 같이 기술하고 있다.

> 차나무의 품성은 조금 차거나 냉하여 맛은 달고 쓰며 독이 없다. 양생의 선약
> 이며, 부작용이 전혀 없고 혈압을 내리고 소화를 도우며 이뇨 작용이 있고 잠

을 적게 하며 가래를 삭이고 갈증을 없애며 뱃속을 편안하게 하고 머리와 눈을 맑게 하며 기운이 상쾌해지고 술을 깨게 하며 식중독을 풀어주고 치아를 튼튼하게 하고 기생충을 없애준다.

녹차의 약리적인 효능들은 현대 과학에 의해서도 최근 속속들이 밝혀지고 있다. 녹차의 약리적 주성분은 카테킨(catechin)이며 항산화작용을 하는 폴리페놀의 한 종류로서 녹차 특유의 떫은맛을 낸다.

카테킨은 유해 활성산소를 차단하여 노화와 암을 줄이는 효과가 있다. 폐암, 대장암, 간암 예방 효과가 있는 것으로 알려진 녹차는 〈타임〉지가 선정한 노화 방지 식품 10가지 가운데 하나이기도 하다.

노화를 일으키는 활성산소를 줄이는 항산화물질 중 대표적인 것이 비타민 C. 그런데 이 비타민 C보다 항암 · 항균작용이 40~100배 강력한 성분이 바로 카테킨이다. 이 밖에도 녹차는 동맥경화나 심장질환 예방에도 효과가 있는 것으로 나타났다.

성인병 예방효과도 있어서 녹차추출물을 같이 먹인 쥐들은 혈중 콜레스테롤이 낮은 것으로 밝혀졌다. 뿐만 아니라 비만 해소에도 상당한 도움이 된다. 녹차 성분인 폴리페놀이 체내에 과잉 축적된 체지방을 배출시키고 풍부한 카페인, 비타민과 미네랄도 대사를 촉진시켜 체지방 축적을 막아준다.

중국인들이 육류와 기름진 음식을 매일 먹는데도 다른 나라 사람들과 비교하여 비만한 사람이 적은 이유가 이들이 물처럼 마시는 차 때문인 것으로 설명되기도 한다. 녹차에도 카페인이 들어 있지만 녹차의 카페인은 커피보다 흡수가 천천히 일어나므로 각성작용의 효과가 은은하게 나타난다.

커피와 콜라 대신 녹차를 마시면 녹차의 유익한 성분인 카로틴, 비타민 C, 비타민 E의 항산화 비타민과 칼륨, 마그네슘 등의 무기질 성분도 같이 먹게 되므로 차에 담겨 있는 자연의 건강함이 우리 몸으로 스며들게 된다.

최근에는 머리를 맑게 해주는 데아닌이라는 물질도 발견되었고 폴리페놀 성분이 충치예방에 도움이 된다는 연구결과도 발표되었다.

녹차 마시면 머리 맑아지는 것은 데아닌의 작용

아미노산은 차의 단맛과 관계가 있으며 데아닌은 단맛과 상쾌한 맛의 근원이다. 가톨릭의대 김경수 박사 팀은 녹차의 함유물 가운데 'L-데아닌' 라는 물질에 초점을 맞추어 최근 한국영양학회지 논문을 통해 "L-데아닌이 별다른 부작용 없이 알파파를 유의하게 증가시킨다는 사실을 확인했다.

암기력 향상, 신체적 스트레스로부터의 회복촉진 등이 알파파의 증가와 관련된 것으로 알려지고 있다"고 발표했다.

김박사 팀은 L-데아닌을 머리를 맑게 해주는 물질로 지목했다. L-데아닌은 아미노산의 일종. 1949년 화학적 구조가 밝혀졌고 발효공학에 의한 대량생산 기술도 특허로 등록됐다.

1998년(독일 프랑크푸르트)과 2000년(미국 라스베이거스) 세계 원료 전시회(FIE)에서 대상을 차지한 물질이기도 하다.

WellBeing Sense

건강을 지키는 파수꾼

나이보다 젊고 건강하게 살고 싶은 것이 모든 사람들의 소망이다. 신선하고 영양이 풍부한 음식이야말로 건강하게 잘 사는 법의 첫걸음이다. 신선한 식품을 이용해서 영양은 물론, 신체의 해독과 심신안정에까지 도움을 얻을 수 있다.

웰빙은 사람의 몸과 마음을 모두 균형 있게 하는 삶, 건강하고 행복한 삶을 얻으려는 라이프스타일이다. 따라서 진정한 웰빙을 위해선 육체를 위한 음식과 운동만이 아니라 우리의 마음을 편안게 하는 음식물을 취하는 것도 중요하며, 이것이 녹차가 최근 더욱 각광받게 된 이유이다.

마시기만 하던 녹차가 몰고 온 '녹색바람' 은 우리의 일상 곳곳에서도 불고 있다. 몸과 마음의 건강에 대한 관심이 높아지면서 하루 일과를 녹차로 시작해 녹차로 마무리하는 사람들도 하나 둘 늘어나고 있다.

웰빙은 단순히 잘 먹고 잘 사는 육체적, 물질적인 개념이 아니라 말 그대로 '잘 존재하는 것(well-being)' 이다. 잘 존재한다는 것은 나 스스로 몸, 마음, 영혼이 조화롭게 존재해야 하고 또한 자연과도 조화를 이뤄야 한다.

아침에 일어나 신선한 아침 공기를 마시며 녹차 추출물이 함유된 비누로 세수를 하고, 시원한 녹차 우유를 한 잔 마시고 회사로 향한다. 근무중에도 틈틈이 녹차 한 잔을 마시고 무거운 머리를 달래준다.

피곤한 하루 일과를 끝낸 저녁, 녹차 입욕제를 푼 욕조에 몸을 담그고 피로를 푼다. 까칠해진 피부를 위해 녹차 추출물이 들어 있는 화장품을 바르고, 녹차향이 은은히 뿜어져 나오는 침대에서 스르르 잠이 든다.

이렇듯 우리 생활에 스며든 녹차는 메마른 삶을 촉촉하게 적셔주고 풍요롭게 가꾸어 주는 반려자이자 건강을 지키는 파수꾼이다.

사람은 나이가 듦에 따라 찾아오는 여러 가지 성인병으로부터 어느 누구도 자유로울 수 없다. 우리 나라의 3대 성인병은 동맥경화증, 고혈압, 당뇨병으로서 사망 원인의 대부분을 차지한다. 고혈압, 뇌졸중, 동맥경화증, 심장병, 당뇨병 등 국내 5대 성인병 발생률은 40~60세가 34%, 60세 이상은 68%이다.

성인병은 대부분 모르고 지내는 경우가 많다. 또 성인병의 증상은 애매모호하고 여러 질병이 동시에 존재하기 때문에 조기 진단이 어렵고 또한 만성병이라 완치가 어려운 게 특징이다.

성인병의 5대 원인은 운동 부족, 비만, 흡연, 과음, 스트레스 등으로 모든 성인병 발생 원인의 70%를 차지한다. 따라서 올바른 생활 습관을 통해 이들 원인을 제거하면 건강한 생활을 영위할 수 있다.

건강하고 오래 살기 위하여 가만히 있을 수는 없고 주위에서 권하는 건강기능성 식품이나 영양제를 복용하게 된다. 대부분 고가여서 그 비용도 만만치가 않다. 그러나 잠시 복용하다가 잊어버리고 식탁의 한구석만 차지하게 되는 경우가 다반사다.

녹차는 정신적인 안정과 성인병에 효능이 있고 육체적. 정신적 건강의 조화를 이루어 준다. 값비싼 건강식품보다는 균형 있는 식사와 적절한 운동, 녹차를 마시는 것이 진정한 웰빙의 첫걸음이 아닐까? 성인병의 치료와 예방을 위해서는 꾸준한 인내와 노력이 필요하다. 설마 나에게 성인병이 올까 방심하지 말고 하루하루 생활 속에서 녹차를 마시며 건강을 관리하는 실천이 필요하지 않을까 싶다.

KBS 생로병사의 비밀

1. 녹차는 암예방에 좋다.
2. 녹차는 혈관을 맑게 한다.
3. 녹차는 비만예방에 좋다.
4. 녹차는 살균효과가 있다.
5. 녹차는 위와 간에 도움을 준다.

WellBeing Sense

이렇게 우려야 제 맛!

동다송에선 차의 체는 물이라고 하였다. 차의 99.6%가 물이기 때문에 물에 따라 차 맛이 크게 달라진다. 차 우리기에 가장 좋은 물은 산의 물 중에서 돌 사이에서 솟아나는 석간수와 바위틈에서 흐르는 유천을 꼽는다.

차를 우리는 데 적당한 물의 조건은 미네랄이 적당하게 함유되어 있어야 하고 적당한 경도(硬度), Ph, 탄산가스, 산소를 함유하고 있으며 유기물이나 철, 망간 등의 성분이 적어야 한다.

수돗물을 이용할 때는 수도꼭지를 틀고 약간 흘려 보낸 뒤 물을 받는다. 옹기 항아리에 하룻밤을 보관하고 물이 끓기 시작한 뒤 3~5분 정도 더 끓인 다음 식혀서 찻물로 사용한다.

물 끓는 소리를 들으면 마치 소나무 가지 끝을 스쳐가는 바람소리(松風) 같고, 때로는 잔잔히 내리는 비가 전나무 가지 끝에 닿을 때 소리(檜雨) 같다고 해서 송풍회우라고 풍류시인들은 노래하였다. 주전자에서 물 끓는 소리가 나자마자 불을 끄지 말고 뚜껑을 열어두고 좀더 끓이는 것이 바람직하다.

송풍회우의 시정을 일으키는 팔팔 끓인 물을 물주전자에 담고 다관에 부어 따뜻하게 덥힌다. 그리고 식힘사발(숙우)에 다관의 물을 따른다. 물을 식히면서 화나는 일, 슬픈 일, 즐거운 일들을 조용히 기억해 본다. 감정이 생길 때 그대로 폭발시킨다면 충동적 미숙이다. 짧은 순간이지만 물이 식기를 기다리면서 거친 감정들을 순화시켜 보는 것이다.

차의 종류에 따라서 우려 마시는 온도나 시간도 달라지는데 녹차의 경우 가능한 한 쓰고 떫은맛이 적게 우러나고 감칠맛을 내는 아미노산이 많이 우러나게 하기 위해 물의 온도를 60~70℃로 낮게 하는 것이 좋고 옥로차의 경우는 이보다 더 낮은 50~60℃로 해야 한다.

다관에 녹차를 넣고 적당히 식힌 물을 붓는다. 녹차와 물의 섞음을 간(間)이라고 하며 차가 너무 많고 물이 적으면 간이 짜다고 한다. 차의 간맞추기는 음식의 간을 맞추는 것처럼 오랜 경험에 의한 손끝에서 나온다. 차 몇 g에 물 몇 cc만 따져서는 안 되고 진정으로 맛 좋은 차를 내야지 하는 정성으로 자꾸 해보는 수밖에 없다.

1분 30초 정도 지나 다관의 찻물을 식힘 사발에 따른 뒤 잔에 나누어 마신다.

삶을 사랑하고 깨우치며

정성스럽게 물을 끓여 녹차를 마신다는 것은 자연을 마신다는 것이다. 차를 마시면 심신이 건강해진다. 우리 선조들은 경건한 차 생활을 통한 효능을 규명하여 차의 십덕(十德)을 문헌에 남겨 놓았다.

> 차를 마시면 신의 보살핌을 받으며 오장육부를 조화롭게 하여 건강을 돕고 졸음을 물리치며 번뇌가 없어진다. 부모에게 효도하게 하며 재난이 사라져 생활이 평온해지고 수명이 길어져 오래 산다. 사람들이 아끼고 사랑하며 마귀가 멀리 달아나 임종할 때 흐트러짐이 없다.

경제개발에만 몰두해온 이 시대는 많은 것을 얻고, 또 많은 것을 잃어버렸다. 소득 2만 달러 시대를 열며 아무리 많은 것을 얻어도 정말 소중한 것들을 잃어버린다면 우리가 행복하게 살 세상은 아닐 것이다. 그 공허한 소유는 우리의 시간을, 존재를 도둑질하고 있다. 이 무한경쟁의 사회에서 나라는 존재는 없으며 내 꿈은 내 머리 속에서만 가치가 있는 몽상일 뿐이다. 덧없이 흘러가는 시간 속에서 우리는 가슴속에 뭔지 모를 불안을 느끼며 살아가고 있다. 잃어버린 소중한 것들에 대한 실낱같은 그리움도 일어난다.

차 한 잔을 음미하면서 잃어버렸던 자아를 되돌아보자. 삶 아래로 영원은 먼 과거에서 먼 미래로 소리 없이 흐르고 있었다. 녹차 한 잔을 마시며 마음을 가라앉히노라면 그 은은한 차향이 나에게 와서 나와 하나가 된다. 유한한 인간들이 영원을 향하여 발돋움했던 흔적들을 깨닫는다.

　녹차는 먼 과거에서부터 먼 미래로 불어가는 바람이다. 세파에 흔들리지 않는 평상심을 담고 있다. 선조들의 귀중한 교훈을 안고 있다. 문득 세상을 좌절하고 고독감에 사로잡힐 때, 녹차가 안겨주는 따뜻한 위로에 스스로를 맡겨 보라.

　신선한 찻잎과 좋은 물은 둘 다 살아 있는 존재이다. 물은 투명한 빛을 지닌다. 투명한 빛은 아무것도 없음을 의미한다. 다관에서 그들이 어우러져 한 잔의 차를 만들 때에, 그들만 아는 신령스러운 사랑을 나눈다. 물과 차의 만남은 차의 기운과 향기가 물의 성품으로 돋아나게 한다.

　찻물에 퍼지는 찻잎을 한 번 꼼꼼히 살펴보라. 물을 만나 다시 살아나 헌신하니, 이는 보고 느낄 수 있는 일종의 윤회인 것이다. 투명한 물에 스며드는 비취빛 사랑. 녹차는 자신의 삶을 끝내면서 내재되어 있는 고요한 열정을, 사랑을 바친다. 비로소 투명한 찻물 속에서 그윽한 차의 향기가 피어오른다. 차는 자신만의 향기를 뿜는 것이 아니다. 차를 마시는 사람의 인품도 차의 향기와 함께 뿜어져 나온다. 차향에 취하여 어느덧 차의 고요한 열정은 우리의 영혼을 영원의 시간과 맞닿게 한다. 삶을 사랑하고, 삶을 깨우치고, 삶을 경외하는 생활 속의 선에 이르게 한다.

차 한 잔의 평화

추사 김정희는 이렇게 썼다.

조용한 가운데 혼자 앉아 차를 마심에 그 향기는 처음과 같고
물은 저절로 흐르고 꽃은 저만치 홀로 피니

靜坐處茶半香草 妙用時水流花開

녹차를 마시고 미묘하게 움직였을 때 사람의 내면에서 잠자고 있는 생명력이
물 흐르고 꽃이 피어나는 평화로움에 잠길 수 있는 것이다.

녹차의 비취빛 향기는 마음의 안정과 편안함을 연상하게 된다. 차의 본성이 고요하고 사색적이기 때문이다. 대자연 속에서 차나무는 영원히 생기발랄한 푸른 빛이며, 사람들은 녹색 이파리 하나 연두색 순 하나에서 희망을 보면서 이내 평정을 찾게 된다.

녹차는 물 다음으로 많이 애용하는 음료이다. 녹차는 건강에 도움을 주는 소중한 기호식품일 뿐 아니라, 녹차를 끓이고 대접하는 정성과 예의범절 그리고 분위기는 청정한 생활로 이끌어 준다.

녹차에는 갈증과 가슴속 울적함을 풀어주고 주인과 손님간의 정을 화락케 하며 소화가 잘 되게 하고 술을 깨게 한다는 다섯가지 공(功)이 있다. 녹차는 역사 속 인물 중 덕망가와 대비되는 귀하고 품위 있는 식품이다.

일찍이 초의선사는 말했다.

　　예부터 성현들은 모두 차를 좋아했으니
　　차란 군자와 같아서 생각함에 사특함이 없다

　　古來賢聖俱愛茶 茶如君子性無邪

분명 차는 마실 거리 그 이상의 정신적 덕목을 빚어내는 영물이라고 하겠다.

녹차 한 잔 마시며 천 년의 시공을 뛰어넘어 옛 선인들과의 만남은 우리들의 삶에 새로운 희망이 아닐 수 없다. 피로를 풀고, 명상을 통해 정신을 새롭게 가다듬는 것은 현대인의 심신 건강에 꼭 필요한 일이다. 일상에 지친 우리에게 녹차는 따뜻한 위로이다.

2 녹차 한 잔 하실까요

민들레꽃이 피어나듯

　바쁜 일상에 쫓기고 스트레스로 마음이 무거울 때, 다기를 다 차려놓지 않더라도 깨끗한 유리 찻잔에 담긴 비취빛 찻물을 바라보면 마음에 평화가 밀려온다.

　웰빙 트렌드를 타고 세차게 불고 있는 녹차 열풍은 어찌 보면 자연스러운 현상이다. 조금 늦었다는 아쉬움도 있다. 육우는 다경에서 차는 덕을 갖춘 사람들이 마시기에 가장 알맞은 음료라고 하였다.

　우리 옛 조상들은 흰 옷을 좋아하고 나눔의 아름다움을 실천하는 민족이었다. 차를 귀하게 여기고 혼자서 마시거나 손님에게 대접할 때나 정성을 다해 차를 만들고 예를 갖춰서 대접하였다. 그 과정에서 마음이 정갈해지고 예(禮)가 몸에 배게 된다. 또한 차를 마시면서 대화를 나누다 보면 마음까지 맑아져서 서로 진솔한 대화가 오가게 된다. 서먹하던 자리에 어느덧 연두색 찻물이 배어들며 차향 속에 시 한 편이 피어난다.

민들레꽃

비취빛 찻잔 속에서 민들레꽃이 피어나면
방황하는 우리는 영원의 축복을 받는 순례자가 되어 간다.
어느덧 삶을 사랑하고, 삶을 경외하게 된다.
고독감은 패배자가 느끼는 외로움은 아니다.

노오랗게 물든 찻잔을 바라보며
잊혀졌던 동요를 불러본다.

길가에 민들레꽃 노란 저고리
첫 돌맞이 우리 아기도 노란 저고리
민들레야 방실방실 웃어 보아라
아가야 방실방실 웃어 보아라.

길가에 민들레 노란 꽃이 피어난다.
척박한 땅에서 아름다운 꽃들이 피어난다.
존재하는 모든 생명체는
민들레꽃처럼 방실방실 웃는다.
침묵의 저편에서 생명체로 피어오르는
아가야도 민들레꽃처럼 방실방실 웃는다.
어머니의 자궁에서 보낸 세월이
무척 행복하였겠지.

아가야처럼 민들레처럼 방실방실 웃으며
승리의 기쁨에 벅차오르면서도
참회와 겸손의 덕을 갖춘다면
진정한 승자가 되는 것이다.
녹차는 기쁨에 겨워 말고
외로움에 힘겨워하지 말라고
따뜻하게 속삭인다.

녹차 한 잔 하실까요

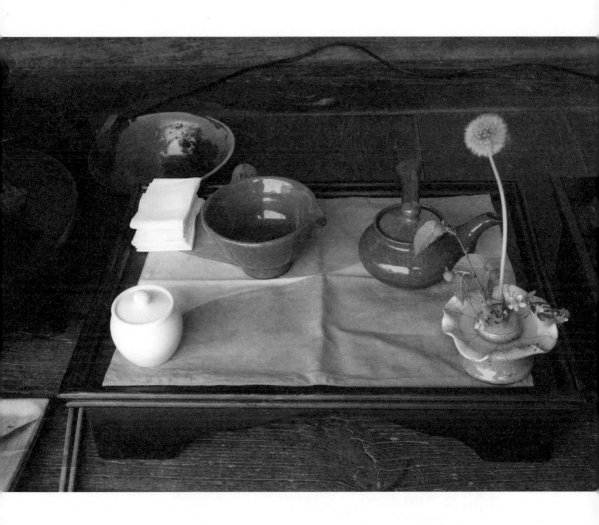

그윽한 맛과 향, 그리고 침묵

때가 지나고 스님과 담소를 나눌 때
돌솥과 솔바람 소리로 차를 달여 마시리
移時款共高僧話　石鼎松聲送煮茶

　조선 후기 대학자이자 차의 성인이었던 신위(申緯)의 시 일부이다. 차는 남에게 자랑하기 위해서 마시는 것이 아니다. 오로지 자신의 마음을 가다듬기 위해

서, 같이 마시는 사람과의 나눔을 위해서 마시는 것이다. 솔바람 소리로 차를 달인다는 신위의 깊은 뜻을 헤아려보자. 시원한 바람은 솔숲과 대숲을 스치고, 맑은 시냇물은 어지럽게 널린 돌 사이로 흐르고, 찻물을 끓이는 달구어진 석탄은 연기와 더불어 부드럽게 춤추는데, 한가로이 앉아서 찻물 끓는 소리를 가만히 듣고 있으면 누구든 시정이 안 일어날 수 없을 것이다.

차를 달이고 마시는 곳은 조용하고 말끔히 정리정돈되어 있어야 좋다. 그리고 함께 차를 마시는 이들은 화평스럽고 서로 소중히 존중하는 마음으로 가득 차 있어야 한다.

애써 이런 분위기를 만들고 맛보려는 것은 시간적 공간적 거리를 좁히고 시끄러운 세상을 잠시나마 초월하고 싶음에서이다. 그리하여 우리들의 마음에 고요하고 예지로운 생각을 불러들임으로써 스스로의 안식과 위안을 얻으려는 것이다.

차를 마시면 심리적으로 불안과 초조를 달래주고 분노나 비애도 차분히 가라앉혀 준다. 홀로 조용히 앉아 차 한 잔 앞에 놓고 마시고 있노라면 점차 감정의 소용돌이에서 벗어나 안정을 찾게 된다. 외로움과 슬픔을 견디어내고 이들을 친구처럼 느끼게 된다. 자신을 응시하며 그저 찻잔을 바라보기만 하는 것으로도 우리 속에 들끓던 잡념들이 서서히 사라지기 시작한다.

피어오르는 녹차 향 사이로 침묵이 흐른다. 이때의 침묵은 단순한 정지나 휴지(休止)가 아니다. 한 뼘 땅 위에 앉아 두 손으로 다관에 차를 넣고 물을 부어 조심스럽게 찻물을 따라 마신다. 침묵 속에서 타인을 향해 열려진 따뜻한 공간은 회색 도시에서 그 눈부신 빛을 발한다.

마침내 그 침묵을 따라 잔잔한 감동이 밀려온다. 생의 밑바닥에 흐르는 순수이다. 수많은 삶과 화려한 꽃들을 피워내는 생명의 근원이다. 찬란하게 내리쬐는 햇빛도 은은한 빛을 던지는 달빛도 침묵 속에서 세상을 어루만지고 있다.

우리가 살아가는 하루의 삶은 서로에게 아부하는 시끄러움이 흐른다. 내면의 순수는 퇴색하고 시끄럽고 감각적인 쾌락들이 우리를 유혹하고 있다. 그러나 그들은 진정한 위로가 되지 못한다. 오히려 삶의 무기력함만을 더 깊이 느끼게 만들어 줄 뿐이다. 차라리 차가운 침묵이 그리워진다.

생이라는 방황 속에서 반복되는 실수와 후회, 눈물로 지새운 수많은 밤을 치르고 우리가 얻은 것은 결국 침묵이었다. 방황의 끝은 침묵이다. 우리가 영원한 안식을 취해야 할 데는 침묵이라는 깨달음이 고인다.

침묵은 세상의 모든 추함과 악함을 말없이 받아들인다. 어느 누구나 누려야 할 안식이다. 침묵이라는 무한의 여백에서 평안한 안식을 누릴 수가 있다.

이것이 축복이다. 침묵은 신이 불러주는 사랑의 노래이다.

2005 문경 한국전통찻사발축제

자기 인생의 의미를 볼 수 없다면
지금 여기, 이 순간
삶의 현재 위치로 오기까지
많은 빗나간 길을 걸어왔음을 알아야 한다.

그리고 오랜 세월 동안
자신의 영혼이 절벽을 올라왔음도 알아야 한다.
그 상처, 그 방황, 그 두려움을,
그 삶의 불모지를 잊지 말아야 한다.

그 지치고 피곤한 발걸음들이 없었다면
오늘날 이처럼 성장하지 못했고
자기 자신에 대한 믿음도
갖지 못했으리라.

그러므로 기억하라
그 외에 다른 길은 있을 수 없다는 것을
자기가 지나온 그 길이
자신에게 유일한 길이었음을...

우리들 여행자는
끝없는 삶의 길을 걸어간다.
인생의 진리를 깨달을 때까지
수많은 모퉁이를 돌아가야 한다.

들리지 않는가
지금도 그 진리는 분명하게 말하고 있다.
삶은 끝이 없으며,
우리는 영원불멸한 존재들이라고…

-마르타 스목 '다른 길은 없다'-

소유와 존재 너머 저 높은 곳으로

　가장 아름다운 순간일지라도, 아무리 뜨거운 열정에의 몰입일지라도 모두 시간을 갉아 먹는다. 인간이 행복을 잡았을 때 시간은 우리를 또 앞으로 밀어낸다. 시간은 바람처럼 흘러가고 우리는 덧없이 따라 흘러가야만 한다.

　삶의 본질은 우리가 영원히 소유할 수 없고, 필요에 따라 변형시킬 수 없는 것이다. 그것은 우리가 잡을 수 없는 무지개처럼 피어나는 꿈이다. 그 꿈들은 우리가 알 수 없는 신의 섭리에 의하여 피어나며 흰구름처럼 바람처럼 흘러가고 있다.

　현대 소비사회의 가장 큰 약점은 소유를 위해 끊임없이 시간을 낭비해야 한다는 점이다. 세상이 아무리 달라져도 하루는 여전히 24시간이다. 막대한 부를 축적한 사람들이 시간에 있어서는 더욱 가난하다. 그만큼 바쁜 삶을 살기 때문이다. 시간의 부족은 풍요가 가져온 복수의 여신인 것이다. 시간이 없으면 관대함이 부족해지고 자유로움도 박탈당하게 된다. 물질적인 풍요 속에서도 존재의 진실들은 사라지고 허기진 삶을 살아가게 된다. 무미건조한 삶이 이어진다. 더구나 사람이 너무 많은 물건을 소유하면 오히려 만족을 느끼지 못하게 된다. 그만큼 존재는 외로워지고 자신의 영혼을 위로하는 시간을 단축시킬 뿐이다. 하루 빨리 벗어나고 싶었던 가난한 시절도 가끔 그리워진다.

　삶의 기술은 소유와 존재 사이에 적절한 균형감각을 요구하고 시간은 우리에게 보다 적은 것이 보다 많은 것이 될 수도 있다는 확실하고 소박한 진실을 깨닫게 만든다. 에리히 프롬은 자신의 저서 '소유냐 존재냐'에서 현대인의 생활양식을 '소유'와 '존재'로 나누었다. 탐욕의 '소유양식'에서 창조하는 기쁨을 나누는

'존재양식' 으로의 일대 전환이 필요하다고 주장했다.

우리 삶도 '소유양식' 이 아니라 '존재양식' 으로의 변화가 필요하지 않을까?

실제로, 우리가 진정한 웰빙에 도달하는 핵심은 어느 정도의 검약을 실천할 수 있는 능력이 있느냐에 있다. 바로 버리고 떠나기이다. 녹차 웰빙의 기본 정신은 모든 것을 버리고 떠날 수 있는 마음의 가난함에 있다. 탐욕이 떠난 자리엔 진실함과 소박함이 남는다. 녹차가 안겨주는 시골 색시 같은 소박함이다. 녹차 한 잔의 여유를 즐기며 가난함으로 들어서는 일이야말로 시간을 풍요롭게 만들어 주는 마음 부자의 길인 것이다. 가난이 풍요로 변하는 그 순간 최상의 가치는 영원에 잇대어지면서 시간은 스스로 변화하여 간다.

녹차 한 잔은 나를 저 높은 곳으로 올라가게 한다. 스스로 나의 존재를 바라보게 한다. 한 잔의 차는 더 이상 마시는 음료에 그치지 않는다. 자그마한 찻잎에 인류의 문명을 담고 사람들에게 삶과 죽음, 소유와 존재를 다시 생각하게 만든다.

녹차는 빨리 마셔야 좋다

녹차는 가능한 빠른 시간 내에 마시는 것이 좋다. 잎차의 경우 한 달 이상 두면 향과 맛이 떨어진다. 차를 보관할 경우에는 대개 10일 정도 마실 분량씩 덜어서 보관하는 것이 신선하고 맛있는 차를 마실 수 있는 첫째 조건이다. 개봉한 녹차는 냄새를 흡착하며 빛이나 열에 의해 산화되거나 변질되기 쉽고 특히 습기는 해롭다.

WellBeing Sense

찻잔에서는 어머니의 향취가 묻어 나온다

차인들은 누구나 좋은 다기 한 벌을 갖기 원한다. 그러나 그 다기가 차를 마시기 위함이 아닌 자랑의 대상이 되어서는 안 될 것이다. 값이 싸면 어떻고 또 비싸면 어떠한가? 차 맛에는 아무런 변화를 주지 못한다.

차가 문제요 물이 문제다. 차를 만드는 정성스런 마음이 더 중요하다. 자신의 분수에 맞추어, 자신의 취향에 맞는 다기 한 벌을 마련하고 좋은 차를 달여낼 수 있다면 더 이상 무엇이 필요하랴.

차와 물이 만나듯 진흙과 불이 어우러져 다기를 만들어낸다.

손에 든 찻잔이 그저 차를 담는 용기일 뿐이라고 간주해서는 안 된다. 단순히 기능만으로 다기를 만드는 것이 아니라 도예가의 뜨거운 가슴으로 다기를 빚는 것이다.

도예가에게 장작은 화가의 붓에 비유된다. 장작가마에서는 요변(窯變)이라는 특이한 현상이 있다. 요변은 가마에서 타는 장작불로 인해 화학적 결합에 의해 나타나는 도자기의 자연적 발색을 말한다. 같은 조건 아래서도 다기마다 조금씩 빛깔의 차이가 나게 된다.

도예가는 노력을 초월하는 어떤 큰 힘, 의도하지 못한 신의 도움으로 명품을 만들어 간다. 찻잔(다완)에 차 마신 흔적이 나타나는 것을 찻잔을 길들인다고 한다. 찻사발에 깃든 차 빛깔의 분위기로 그 찻잔을 사용한 사람의 인격까지 느낄 수 있는 것이다.

다기(茶器)는 차의 어머니다. 자궁 속에서 우리의 생명이 만들어지듯 차와 물의 사랑은 다관 속에서 익어간다. 이윽고 차의 향기가 피어오르고 비취빛의 투명한 찻물이 잔에 담겨진다. 찻잔에서는 어머니의 자애로운 향취가 묻어 나온다. 다관에서 성숙되어 나온 차를 마심은 어머니의 젖을 마시는 것과 같다.

손끝에 전해지는 찻잔의 온기에 가슴 뭉클함을 느끼는 것도 말없는 사랑이 전해지기 때문이 아닐까?

찻사발 전쟁, 우리 역사가 거기 있다

지난 2004년 12월 17일 노무현 대통령은 일본을 방문하였다. 일본 이부스키(指宿) 방문 이틀째인 18일 오전 고이즈미 준이치로 총리와 숙소인 하쿠스이칸(白水館) 호텔의 정원에서 산책을 마친 두 정상은 숙소로 돌아가 호텔 지하 1층의 '사츠마야스키' 룸에서 우라센케(裏千家)의 센 소시츠(千 宗室)가 다도(茶道)를 시연하는 가운데 40분간 차를 마시며 환담을 나누었다.

두 정상은 특별히 일본 측이 준비한 500년 전에 조선에서 일본으로 전래된 다기에 차를 마셨다. 다도 환담에서 고이즈미 총리가 먼저 "어제 많이 취했다"며 만찬에서 마신 술 이야기를 꺼냈고 노대통령은 "어제 저녁 술은 향기도 좋았지만 많이 취하지도 않는 술이었다"고 화답했다. 그러자 센 소시츠는 "오늘은 약을 드리는 마음으로 차를 드리겠다"며 "차는 약 대신 숙취를 해소해준다"고 말했다. 센 소시츠는 이어 노 대통령으로부터 일본에 다도가 전래된 역사에 대한 질문을 받고 "대중적으로 마시게 된 것은 가마꾸라 시대 이후부터다. 오늘은 특별히 500년 전 조선에서 도래한 다완으로 차를 올리겠다"고 하였다.

셴 소시츠는 또 "한국에서는 식기로도 사용했으나 일본에서는 다기로 아주 소중히 여겨 왔다"면서 "500여 년 전에 경남지역에서 건너온 이 다완은 우라센가 (家)에서 15대 동안 써온 것"이라고 말했다.

노 대통령이 "500년 전이면 임진왜란 전 아니냐"고 하자, 셴 소시츠는 "그렇다. 다완이 건너온 것은 그 이전이다"고 대답했다. 그는 이어 "오늘은 카페에 오신 기분으로 편히 드시라"면서 "숙취를 해소하는 약으로 드린다"고 다시 한번 '약'임을 강조했다.

이도다완

환담 뒤에 고이즈미와 작별인사를 나눈 노대통령은 "우리 역사가 거기 있기 때문에 꼭 가봐야 한다"며 심수관가를 찾아가 임진왜란 때 가고시마현으로 끌려온 조선 도공 심당길의 14대손(蓀) 심수관(76)옹 및 15대손 심수관(45)씨와 환담했다.

노무현 대통령이 차를 마신 다완(사발)은 조선에서 태어나 일본으로 시집간 사발이다. 이 사발을 탐내 도요토미 히데요시가 일으킨 침략 전쟁을 일본에서는 찻사발 전쟁이라 부르기도 한다.

5세기경 가야에서의 기술인력 도입을 통해 토기에 일대 성장을 이룩한 일본은

천 년이 지난 후 침략과 납치라는 적극적인 방법을 동원하여 또 한 번 비약적인 도자기 발전을 이룩한다. 전쟁까지 일으킨 사발… 그러나 이 사발은 모국에서는 이름도 없이 그저 막사발로 불리고 있으며 때로는 일본식 이름인 이도다완이라 불리고 있다.

이 사발은 약간 비뚤어진 모양을 하고 있는데, 있는 그대로의 자연을 사랑하는 조선 사기장의 여유를 그대로 표현하고 있다고 느껴진다.

불국사에서 있었던 일본 다도 시연회

이도다완, 조선 사기장이 빚은 명품

도쿠가와 막부의 다두(茶頭) 후루타 오리베(古田織部)가 찻사발을 김해에 주문하면서부터 본격적인 대일(對日) 수출이 시작되었다. 김해 찻사발은 생산지인 '긴까이(金海)' 혹은 도자기를 실어 나른 배 이름인 '고쇼마루(御所丸)' 등으로 지칭되며 일본 다인들의 사랑을 받아 왔다. '고쇼마루' 중에서도 초기에 일본에 도입된 사발들은 '고혼(御本)'이라 부르며 특별히 귀하게 여겨져 왔다. 그리고 '기자에몬이도(喜左衛門井戶)'라는 이름을 가진 이도다완은 일본에서 제일 먼저 국보로 지정되었다. 높이 8.9cm, 폭 15.4cm, 무게가 360g인 이 찻잔은 명품 중의 명품이란 찬사를 듣고 있다. 이 그릇은 일본의 국보가 되면서 찻그릇의 제왕이 되었다.

박현장 교수(부산 동주대 박물관장)는 "이 찻사발은 500년 전 일본으로 건너가 지금까지 유명 차인들의 손에서 손으로 생활 속에서 애용되어 왔다는 점에서 출토된 유물과는 큰 차이가 있다. 시공을 초월해 지금 우리가 보고 사용하는 것 자체로도 대단한 것"이라고 평가했다.

한국차인회 회장을 지낸 고 송지영 씨는 1983년 다원 창간호에 다음과 같이 회고한 적이 있다.

> 차가 중국에서 비롯되어 우리나라를 거쳐 일본으로 전해졌다는 것은 아득한 옛날의 자취이고 오늘에 이르러서는 일본의 다도가 그들만의 자랑스러운 전통인 듯 온갖 국제적인 문화행사에 다도를 곁들이게 되었음은 널리 알려진 사실이다.

　노무현 대통령에게 차를 대접한 우라센케(裏千家)는 상식적으로 생각해도 차나다도, 특히 외국에서 비싼 값을 치르고 들여온 국보급 다완을 즐기던 상당한 재력가 집안일 것이다. 더구나 일본 수상 앞에서 다도를 시연한 센 소시츠의 정치적, 문화적 지위는 상당히 높을 것이라 생각된다.

　"한국에서는 식기로도 사용했으나 일본에서는 다기로 아주 소중히 여겨 왔다"는 그의 발언은 한국 문화에 대한 칭찬이었을까? 아니면 일본 문화의 우월성을 자랑한 것이었을까? 곰곰이 되씹어 보아야 할 부분이다.

　조우석(중앙일보 문화부 부장)님의 '우리는 언제까지 서구의 입맛대로만 살까'라는 글의 일부를 옮겨 본다.

"저 아무 것도 배우지 못한 조선의 도공들에게 이도다완을 빚어낼 만한 지적인 의식 작용이 있었다고 생각할 수 있을까? 이도다완은 태어난 기물(器物)이지 만들어진 기물이 아니다. 그 아름다움은 부여된 것이고, 하늘의 은총이다. 따라서 조선 도공들의 의식적인 창작물이 아니고, 그저 하늘에서 주어진 것으로 봐야 한다 … (또한) 이도가 일본으로 건너오지 않았다면 조선에서는 존재할 수 없었을 것이다. 그 때문에 일본이야말로 이도다완의 고향이라고 얘기할 수 있다."

한국 미술의 아름다움이 갖는 본질을 '무기교의 기교', '무의식의 아름다움' 혹은 '비애의 미'로 규정했던 일본의 미술사학자 야나기 무네요시가 반세기도 훨씬 전에 했던 억지 주장을 새삼 인용하는 데는 이유가 있다.

다완은 조선 도공들의 의식적인 창작물이 아니라 그저 얼떨결에 만들어진 미술품이라는 참기 어려운 모독의 발언이다. 그걸 만든 사람이 중요하지 않고, 외려 아름다움을 발견한 나라가 중요하다는 억지 논리의 개진이다. 야나기에 따르면 조선이 아닌 일본이야말로 진정한 다완의 고향이라고 하는 어처구니없는 결론이 만들어진다. 조선의 문화는 단번에 증발해 버린다.

자기의 것이 갖는 아름다움과 자부심은 아연 실종되고, 남들이 그 아름다움과 자부심을 확인해 주기까지는 한국적인 것은 무가치한 문화유산이 되어버리고 마는 것이다.

그것은 '가장 한국적인 것'이 일본의 것으로 아연 둔갑하게 된다는 것이다. 어이없게도 명품 찻사발에 대한 궁극적인 귀속원이 완벽하게 일본으로 돌아가는 순간이다. 그 순간 이 사발의 애달픈 메아리가 들리는 듯했다.

"모국에서 내 고향은 어디인가, 내 이름은 무엇이며, 그리고 내가 진정 잡기(하찮은 그릇)였는가."

그것이야말로 역사적 자기 망각 현상, 구조적인 자기모멸의 전형적인 현상에 다름 아니다.

이도다완의 미학을 발견한 것은 일본인이었다. 야나기 무네요시는 그 찻사발을 평하면서 가장 소박하고 전혀 아름답지 않고 한국 시골의 흙담과 같다고 했다. 그렇다고 일본 문화계가 대한민국 대통령 면전에서 굳이 이도다완을 단순한 식기였다고 폄하하는 무례가 어디 있을 수 있는가? 또한 어디에 쓰이면 어떠한가? 진정한 이도다완의 가치는 그 쓰임새에 있는 것이 아니라 그 존재 자체에 있음을 간과한 얄팍한 처사가 아닐 수 없다.

이러한 무례는 독도를 자신의 땅이라고 억지 부리고 한국을 침략한 과거사를 미화하는 일본의 의식 수준을 잘 나타내고 있다. 이도다완을 탄생시킨 원동력은 일본의 문화가 아니라 미의 본질을 단순 명쾌하게 간파한 조선 사기장의 심미안과 창작력의 힘이었다. 이도다완은 무심의 경지에 달한 사기장의 손끝에서 빚어진 명품이다.

차 문화의 혼을 담아 올리는 헌다례

심수관가(沈壽官家)는 1대조인 전북 남원 출신의 심당길(沈當吉)이 정유재란에 참전했던 사쓰마(현재의 가고시마현) 17대 번주 시마츠 요시히로에 의해 다른 조선 도공 80여 명과 함께 왜군에 붙잡혀 강제로 사쓰마에 끌려가 정착하면서 일본 도예의 명가(名家)를 이루었다.

청주불교방송국은 개국 7주년 및 사옥 이전을 기념해 2004년 5월 8일부터 '500년 만의 귀향 - 조선 찻사발 특별전'을 개최하였다. 그 서막을 알리는 행사인 '조선 도공과 선대 다인을 위한 추모 헌다례'가 청주 문의문화재단지 내 문산관

지리산에서 열린 화개 헌다례의 헌다무

에서 열렸다.

숙연함 속에 숙우회 회원들이 들어선다. 꽃이 흩뿌려지고, 바람조차 잦아들 무렵 물이 끓는다. 물을 붓고 차를 타기까지, 어느 한 과정도 흐트러짐 없이 한 잔의 차를 위해 팽주는 손끝에 혼을 불어넣는다.

드디어 500년을 이어 온 사발에 정성스레 차가 담기고, 연단에 올려졌다. 모두 마음 깊이 선조들의 '극락왕생'을 기원하며, 오늘의 차 문화가 있게 해준 데 대해 감사드린다. 이어 헌다무가 시작되었다. '도공들의 침묵'을 주제로 한 춤사위는 마치 그 옛날 도공들과 선대 차인들을 깨워 후손들과의 만남을 준비하는 듯하다.

즉흥적으로 춤을 췄다는 오영숙 씨는 절정의 순간을 이렇게 표현했다.

나도 왜 그렇게 돌았는지 모르겠다.
그 짧은 순간에는 내 육신만 있을 뿐이었다.
신이 내리듯 도공 할아버지가 내려왔다고나 할까.
도공들의 넋을 위로하는 것은 물론,
침묵하는 선조들의 모습을 표현함으로써
상업 문화로 바뀌고 있는 도자 문화에 대한 안타까움과
잘못되고 있는 다도 문화에 대해 말하고 싶었다.

- 〈차의 세계〉에서 -

한류와 녹차

KOTRA가 일본 닛케이 BP 컨설팅이 발표한 일본의 2004년 30대 히트 상품을 분석한 결과 '한류 · 건강 · 편의 · 아름다움' 네 가지 키워드가 일본 히트 상품의 주요 비결이었다. 30대 히트 상품 중에 한국 TV 드라마인 '겨울 연가' 가 당당히 1위를 차지했다. 두 번째 키워드는 '건강' 이었다. 히트 상품 2위인 산토리사의 녹차 음료 이우에몽을 비롯해 흑식초(6위). 검은콩 코코아(10위). 고엔자임Q10(12위). 후라반차(17위).대두펩티드 함유식품(27위) 등이 인기를 끌었다.

배용준이 한국보다 일본에서 더 인기를 끌고 있다. 배용준은 일본에서 '욘사마' 라고 불린다. 사마(樣)는 일본 왕족과 귀족에게만 붙이는 극존칭이다. '겨울 연가' 로 인해 일본 내 한국어 강좌에 사람들이 몰리고, '겨울 연가' 촬영지를 방문하기 위한 한국행 항공기표 구입에 일본 사람들이 열을 올리고 있다.

미국 유일의 전국지 유에스에이 투데이는 욘사마 열풍에서 한국과 일본의 오랜 적대감의 완화, 미국 대중 문화에 대한 대안 모색, 10년 전 영화 '메디슨 카운티의 다리' 를 찾았던 일본 특유의 광증 재연 등의 의미를 찾았다.

韓流라는 신조어가 나온 것은 몇 년 전 중국에서다. '겨울 연가' 라는 한국 드라마가 '후유(冬)노 소나타' 로 제목을 바꿔 일본 공영방송 전파를 타고 있을 때도 그게 韓流라는 바람으로 끈질긴 생명을 이어갈 거라는 예상은 어느 누구도 하지 못했다고 한다. 이 신비한 현상은 대사가 너무 좋은데다 예술적 영상미가 접목되어 현대의 일본이 잃어버린 아련했던 옛날의 추억, 이를테면 순애보라는 것을 아줌마들에게 일깨워줌으로써 비롯된 것이라고 분석된다.

진정한 韓流란 일시적 이벤트로 일어나는 것이 아니다. 배용준도 넓게 보면 한류의 한 지류다. 겨울 연가가 일본에서 히트를 쳤다고 계속적으로 겨울 연가류의 멜로 드라마에만 관심을 가질 이유는 없다. 한국 대중문화에 종사하는 이들의 참신한 발상이 아시아 각국에서 뜨거운 한류를 만들어냈다는 사실을 잊어서는 안 된다. 앞으로도 신선한 소재와 기발한 아이디어가 각종 작품에 반영되고 아시아인의 가슴을 울리는 작품을 만들어 가야 한다.

우리의 문화를 일본 측의 입맛에 맞게 일부러 변화시킬 필요는 없는 것이다. 이도다완도 마찬가지이다. 우리가 만들어 가는 문화가 아닌 일본 입맛에 맞는 겨울 연가류나 이도다완 등의 재현에만 더 큰 정성을 쏟는다면 잘못된 것이다.

우리 전통문화를 아끼고 사랑하면서 거기서 신선한 소재와 기발한 아이디어를 얻는 것이 진정한 자산이 된다. 우리의 세계를 바탕으로 하지 않으면 '전통'도 '새로움'을 추구하는 것도 모두 허상일 수밖에 없다. 사실 우리는 오래 전부터 '日流薰風' 속에서 살아오고 있었다. 누구도 부인할 수 없는 현실이다. '화장품 日流' '전자 日流' '문화 日流' 'I.T 日流' '자동차 日流' 까지. '한류열풍' 이 우리 시대의 삶을 진정 주도적으로 끌어가고 있는지를 냉정하게 반성해 봐야 할 것이다.

1위 한류에 이어 건강을 키워드로 한 녹차음료도 인상 깊게 다가온다. 왜 일본에서 녹차가 선풍적인 인기를 끌고 있는지도 한 번 깊이 생각해 볼 과제이다. 최근 일본의 녹차 수요 증대는 전통적인 잎차보다는 녹차 음료가 시장의 확대에 기인하고 있고 수요층도 청년층이 주도하고 있다고 한다.

한류와 녹차를 보면서 500년 전의 역사를 다시 생각해 본다.

그때도 지금처럼 한류 열풍이 있었다. 녹차를 마시기 위한 찻사발 이도다완, 결국 임진왜란이 일어나는 한 원인이 되기도 한다.

고려시대는 차(茶)의 황금기

우리나라 차의 기원에 대해서는 48년 가야시대에 허황옥 왕비가 차씨를 갖고 왔다는 차 전래설이 있고, 〈삼국사기〉에는 신라 선덕여왕(632~647)때부터 차가 있었으나 흥덕왕(826~836) 때에 이르러 더욱 성행하게 되었다고 기록되어 있다.

직접 재배하게 된 것은 828년(흥덕왕 3) 사신 대렴(大濂)이 당(唐)나라에서 중국산 소엽종(小葉種) 종자를 가져와 지리산에 심으면서부터이다. 삼국을 통일한 신라 화랑들은 차를 끓여 마시며 서로의 결속을 다지고 예절을 지켰다.

고려시대는 차(茶)의 황금기였다. 고려시대에는 녹차를 밥 먹듯이 챙겨 먹는다 하여 다반사(茶飯事)라는 말이 생길 정도로 차가 성행했다. 고려는 불교 국가로서 다례를 겸한 불교 행사들이 궁중 행사 예식으로 더욱 크게 개발되었다. 이러한 궁중 차 예식은 도자기, 청자, 다식, 다악 등 한국 전통문화 개발에 도움을 주었다.

녹차 한 잔 하실까요

그러나 녹차로 인한 백성의 피해가 컸다. 차를 따는 조그마한 일에서부터 세금의 무거움, 가혹한 정치, 그리고 무인들의 횡포에 시달렸다. 백운거사 이규보는 좋은 차 달여 마시는 풍류를 즐겼지만 다음과 같이 차 따기의 어려움과 다세의 폐혜를 비난했다.

> 관아에서 노약자 징발하여 험준한 산중에서 간신히 따 모아서
> 머나먼 서울까지 운반하네
>
> 산과 들판에 불살라 차의 공납을 금지하면
> 남녘 백성들 편히 쉴 수 있으리니

　　녹차와 술을 사랑했던 백운거사 이규보는 40세에 한림에 들고 48세가 되어서야 비로소 좌우사간의 벼슬을 하게 되었다. 이후 30여 년 간 벼슬살이를 하면서 쓴 시가 수천 편에 이르는데 그가 차를 즐겼음이 여러 시편에 드러나고 있다. 불우한 처지를 술로 다스리며 울분을 시에 실어내기도 했다.

> 백운은 내가 사모하는 것일세.
> 한가히 떠서 산에도 머물지 않고
> 하늘에도 매이지 않으며
> 자유롭게 동서로 떠다녀 구애 받는 바 없네.
> 구름이 퍼지는 것은 군자가 세상에 나가는 기상이요
> 스스로 걷히는 것은 세상을 은둔하는 기상이요

비를 만들어 가뭄을 구제하는 인(仁)이요
오면 한군데 정착하지 않고
가면 미련을 남기지 않는 것은 통(通)이라네.
구름의 빛깔이 푸르거나 붉거나 검은 것은 구름의 본색이 아니요
오직 화채 없이 흰 것만이 구름의 본색이라
빛깔이 나와 같으므로 백운거사라 하였네.

　그는 무신정권 밑에서 실의의 세월을 보내며 방황하던 시절에 백성들이 도탄
에 빠져 있던 참담한 현실을 몹시 안타까워하였다. 때로는 스스로 산사에 들어
승려들과 교유를 맺기도 하였는데 그때마다 곡차를 즐겼으나 승려들의 차 생활
에 감화되어 스스로 술을 절제하기도 하였다.

　이규보는 〈방엄사〉란 시에서 이렇게 이야기한다.

　내 지금 산사를 찾아온 것은 술을 마시고자 함이 아니오.
　올 때마다 술자리 베푸시니
　얼굴이 두꺼운들 어찌 부끄럽지 않으리오.
　스님의 인품 높음은 오직 향기로운 차 마시기 때문이오.

　스님의 술대접에 스스로 부끄러워함을 드러내고 있다. 차를 마시는 스님의 인
품에 감화를 받고 차 한 잔에 이야기 한 마디, 이 즐거움은 참으로 청담하니 굳이
술에 취할 일이 아니라고 말하고 있다.

다산초당에서

조선시대는 차의 수난시대였다. 숭유억불(崇儒抑佛) 정책으로 차를 재배하는 사원이 급감했고 모든 관혼상제에는 차 대신 술이 사용됐다. 그러나 차에 대한 사랑은 식지 않았다. 해남 대흥사의 초의선사는 동다송을 지었다. 추사 김정희는 차를 흠모하는 시를 지었고 정약용은 스스로 호를 다산(茶山)이라 지었다.

다산 정약용은 1801년 강진으로 유배 와서 1818년 9월 해배될 때까지 18년 간 실학을 집대성한 500여 권의 저서를 남겼다. 다산은 이곳에서 초의선사와 추사 김정희를 만나게 되어 호남은 물론이고 우리나라의 차 문화 발전에 큰 영향을 미쳤다.

다산이 기거한 다산초당은 강진의 만덕산 기슭에 자리잡고 있다. 다산초당으로 올라가는 오솔길에는 우람한 소나무, 왕대나무들이 솟아 있고 갓 심은 차나무들이 자라고 있다. 울퉁불퉁한 바위를 깎아 만든 오솔길은 옛 모습 그대로 보존되어 있다.

1818년 해배가 되면서 다산이 직접 쓴 정석(丁石)이라는 글이 새겨진 바위에서는 석간수가 흘러내렸고 그 물로 차를 우려 마셨다고 한다. 다산초당 가까이에 백련사가 있어 당시 혜장스님과의 만

남이 이루어졌고 다산은 차와 불교에 심취하게 된다. 다산은 차의 애호가로서 '동다기' '다암시첩' '걸명소' 등 47편의 다시를 남겼다.

　귀한 사람은 신의가 있다.
　모여서 서로 즐기다가 흩어진 뒤에 쉽게 잊는다면 금수와 무엇이 다를까?"

　그는 다신계를 만들어 제자들과 형제처럼 모여 글을 읽고 살았다.

다산이 글을 새긴 **丁石** 바위에 기대어 석간수의 자취를 더듬어 본다.

잘려진 뿌리는 아직 따뜻하다

차는 한국과 중국, 일본, 동양문화의 패권국인 이 세 나라가 원조권이다.

생성에서 발전과 성쇠에 이르기까지 세 나라의 이질적인 문화 요소가 서로 작용하여 이루어낸 것이 오늘의 차 문화다. 그러나 차의 발생은 중국이 만형이다. 그것을 이어받아 발전시킨 것이 한국이며, 한국으로부터 전해 받은 차에 민족문화를 결합시켜 특이한 유형을 만들어낸 것이 일본이다.

일본에 한국차가 들어간 경로는 크게 나누어 보면 다음과 같다. 백제의 도래인 행기보살이 말세중생을 위해 차나무를 심었다는 근거가 〈동대사요록〉에 밝혀졌다. 백제문화가 일본에 전파되어 많은 영향을 주었다는 사실은 아무도 부정하지 못한다. 백제는 어느 고대국가보다도 일찍부터 문화가 발달하였다. 백제인들은 미륵의 세상을 꿈꾸었고 미륵사지 석탑에서는 찻잔이 출토되기도 하였다.

또 하나는 사명차에 관한 이야기로서 임진왜란 당시 일본에 갔던 사명대사의 음다정신이 전래되었다는 설이다.

그 다음은 매월당 김시습의 초암차 정신을 무라타 쥬코우가 계승하여 일본 와비차 정신으로 되살려내었다는 설이다. 무라타 쥬고우(村田珠光 · 1422~1502)가 계승한 새로운 다법인 초암차의 정신을 센노리큐(千利休 · 1522~1591)가 와비차로 대성시킨 다법을 말한다.

어떻게 보더라도 일본 다도의 명맥 속에는 한국 다도의 정신이 살아 숨쉬고 있다. 그들이 우리로부터 전해 받은 다도로 일본차의 정신을 만들고 가꾸어 왔을 때 우리는 무엇을 하고 있었는가.

80년 초부터 뒤늦게 불기 시작한 다도 열풍은 30년 안팎에 불과하다. 그렇기 때문에 한국의 다도는 이제 시작이라 할 수 있다. 아직도 다도가 일본문화인 것처럼 오인되어지고 있는 현실이지만 차를 사랑하는 다인들의 노력은 눈물겹도록 대단하다.

녹차와 우리의 전통문화인 다도를 향해 끝없이 몰려드는 사람들의 행렬을 보며, 나는 이 모습이야말로 잃어버린 근원을 되찾으려는 몸부림이라고 말하고 싶다.

지금의 녹차 열풍은 전통이 안겨주는 진정성에 대한 갈증이며 그것은 아직 우리에게 뿌리에 대한 기억이 남아 있다는 증거일 것이다. 그 기억의 실핏줄을 되살리려는 노력을 멈추지 않는 한, 잘려진 뿌리는 아직 따뜻하다.

때로는 커피향과 함께

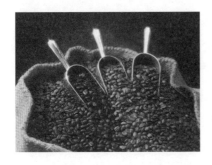

녹차를 조용히 혀끝에 부으면 제일 먼저 와 닿는 맛이 쓴맛이다. 인생에 있어 씁쓰레한 쓴맛은 좌절이니 녹차를 마시는 건 생활에서 느낀 쓴맛을 재음미해 보면서 다 마신 다음 느끼게 되는 상쾌한 뒷맛을 기대해 보는 행위라고 풀이할 수도 있지 않을까 싶다.

쓴맛을 내는 성분인 카페인은 녹차에 평균 2~4% 함유되어 있는데 대뇌를 자극해 머리를 맑게 하고 정신활동의 지구력, 집중력, 기억력을 증진시킨다. 이 때문에 수양하는 스님들이나 도가에서 애용되어 온 것이다.

같은 카페인 음료인 커피의 경우도 그 유래와 쓰임새는 비슷하다. 흔히 커피를 녹차와 대립되는 개념으로 생각하는 경우를 보게 되는데 이것은 잘못된 상식이다. 녹차는 녹차대로 커피는 커피대로 서로 장점과 맛과 향을 가지고 있다.

'졸음을 쫓고 영혼을 맑게 하며, 신비로운 영감을 느끼게 하는 성스러운 것'으로 여겨지던 신기한 열매 커피는 이디오피아가 원산지로서 지금도 야생 커피나무가 우거진 지역이 있는데 이곳 지명이 〈Kaffaa〉이다. 커피는 이 지명에서 유래되었다고 한다.

과학적인 분석과 임상실험 결과도 커피가 몸에 해롭지만은 않다는 사실이 밝혀졌으며 의학적인 관점에서도 조명을 받고 있다.

커피가 너무 일상화되고 서구에서 들어온 것이라서 정신적인 면이 없다고 생각되기도 하는데 녹차처럼 커피에도 다도와 같은 도(道)라는 게 있다.

원두커피는 대화하는 과정에서 격식을 갖추어서 정성을 들여 추출하고 제대로 마신다면 하나의 도가 될 수 있는 것이다.

카페인은 수용성이라 커피를 추출하는 시간이 길수록 다량으로 나오게 된다. 에스프레소 방식은 뜨거워진 증기가 급속으로 커피를 추출해 내는 방식으로 카페인이 거의 없는 커피의 맛과 향을 최고로 끌어낼 수 있는 추출방식이다.

에스프레소 머신은 가격대가 워낙 높아 일반 가정에서 손쉽게 애용하기 힘든 것이 아쉬운 점이다. 이태리와 같이 유럽의 일반 가정에서는 모카포트를 많이 애용하는데, 에스프레소 머신에서 갓 뽑은 맛과 향을 그대로 체험할 수 있다.

인스턴트 커피는 오랫동안 우려낸 커피를 재가공하므로 카페인의 함량이 높아질 수밖에 없다.

같은 무게의 찻잎과 커피콩을 비교해보면 녹차에 훨씬 많은 카페인이 들어 있다. 그러나 실제 커피 한 잔에 소요되는 커피콩의 양이 차 한 잔에 소요되는 찻잎보다 많기 때문에 평균적으로 차 한 잔보다는 커피 한 잔에 더 많은 카페인이 들어 있다. 물론 녹차나 커피의 카페인 함량은 끓이는 방법, 차의 종류, 물의 온도 등에 따라 많이 달라진다. 녹차 한 잔에는 약 40~50mg, 커피 한 잔에는 40~100mg의 카페인이 들어 있는데, 녹차 속의 카페인은 카테킨류와 느슨하게 결합하기 때문에 우리 몸에 좀더 부드럽게 작용한다. 또한 녹차 성분 중 하나인 데아닌은 카페인과는 달리 긴장을 풀어주는 작용을 한다.

남쪽 발치에
연녹색 우러나는 찻잔 들이대면
그대 수줍다

어디쯤서 시작해 볼까
통통배 한 척
가느다란 손 흔들어
떠나버린 이야기 접어두고

벼랑 끝에
바람등이 순정
고이 보내주던 이야기 접어두고

이름 모를 그곳에서
바스러질 듯한
입맞춤
단 한 번
혀끝으로 우러나는
쌉쓰레한 원죄

황홀한 그 자태
빛바랜 세상 한 자락 물히고 있다.

                    - 성 갑 숙 / '겨울 난과 차 한 잔' -

3 녹차 웰빙

차의 오공육덕(五功六德)

책을 볼 때 갈증을 없애주며
울분을 풀어 주고
손님과 주인의 정을 화합하게 하고
식중독, 장염으로 인한 고통을 없애고,
취한 술을 깨게 한다.

오래 살게 하고
병을 낫게 하고
기운을 맑게 해주며
마음을 편안하게 하여
신선과 같게 한다.
그리고 예의롭게 한다.

- 한재 이목 선생 -

　　우리 사회에 일기 시작한 웰빙 열풍이 식품과 운동, 주거는 물론 명상 · 레저산업에 이르기까지 폭넓게 확산되면서 탄산음료를 멀리 하고 각종 운동으로 심신의 균형 잡힌 건강을 추구하는 바람직스러운 바람이 불고 있다.

　　그동안 세상에는 어지러울 정도로 다양한 건강법과 식품들이 나타났다 사라져 갔다. 그 가운데 결코 사그라지지 않고 의연하고 확실하게 자리를 지키고 있는 것이 바로 녹차이다. 최근에는 미국의 시사주간지 타임지가 녹차를 몸에 좋은 세계의 10대 음식 중의 하나로 선정하기도 했다.

차는 카테킨류와 카페인, 데아닌, 비타민 등 영양이 풍부하며 육체와 정신건강에 크게 도움을 준다. 현대 과학은 우선 녹차가 다른 어떤 식품보다 더 노화와 성인병의 예방에 탁월한 효과가 있다는 것을 밝혀내고 있다.

녹차의 항암효과와 항산화효과 등이 속속 발표되면서 차 문화에 익숙한 아시아는 물론 미국이나 유럽에서도 녹차의 인기는 날로 치솟고 있다. 하루 10잔 이상 마시는 남성은 3잔 이하 마시는 사람보다 84세까지 장수하는 비율이 12%나 높은 것으로 학계에 보고되고 있다.

신비한 녹차의 성분과 효능을 상세히 살펴보고 정리하면서 진정한 웰빙의 의미와 실천 방안들에 대해 다시 한번 생각해 보고 싶다.

엽록소는 우리 몸에서 어떤 역할을 할까?

우리가 살고 있는 지구상의 모든 힘은 태양에서 나오고 있다.
태양의 빛을 받아 식물체가 동화작용을 하며
자라고 먹고 마시고 탄생하고 죽는다.
에너지 제1법칙에 따라 즉 태양 아래 새로운 변화는 없고
지구는 항상성을 유지하고 있다.
에너지 제2법칙은 엔트로피의 법칙, 무질서의 법칙이다.
우리가 이루어 놓은 업적들 뒤에는 무질서를 만들고 있다.

식물의 세포 안에 들어 있는 엽록소라는 물질은 식물이 광합성을
할 때 필요한 에너지를 태양으로부터 받아들이는 중요한 역할을 한
다. 녹차의 윤기에 중요한 것은 엽록소로서 평균 0.6%가 함유되어
있다. 그렇다면 녹차 속에 있는 엽록소는 우리 몸에서 어떤 역할을
할까?

   1) 조혈 작용을 한다.
   2) 효소를 만들고 활성화 시키는 역할을 한다.
   3) 섬유질이 풍부하다.
   4) 체질을 개선시켜 준다.
   5) 해독작용을 한다.

WellBeing Sense

팔방미인 건강수호천사 카테킨

녹차에는 카페인과 더불어 카테킨(타닌의 일종으로 맛이 떫음)이라는 항산화물질이 들어 있다. 이 물질은 활성산소의 독성작용을 중화시키는 작용 등으로 항산화 역할을 한다. 항산화물질은 알려진 대로 세포의 손상을 억제해 준다. 이에 따라 동맥경화, 치매, 당뇨병, 암 등을 유발하거나 악화시키는 일련의 산화과정 및 세포노화를 막아줄 수 있을 것으로 기대되고 있다.

카테킨은 차의 쓴 맛, 떫은 맛의 원인이 되는 성분이다. 함유량은 찻잎 따는 시기, 싹과 잎의 여린 정도, 품종에 따라 달라진다. 녹차에는 평균 12% 정도 함유되어 있으나 잎이 여릴수록 감소한다.

카테킨은 세포의 돌연변이, 고혈압, 혈전 생성 등에 강력히 저항한다. 구체적으로 말하면 카테킨은 카페인의 혈압상승 작용을 압도해 혈압을 떨어뜨린다. 또 혈관벽의 콜레스테롤을 간으로 되돌리는 과정에서 인체에 이로운 콜레스테롤인 고밀도지단백(HDL)은 상승시키는 반면 해로운 콜레스테롤인 저밀도지단백(LDL)은 감소시키는 역할을 한다. 또한 항균작용도 하므로 식중독을 일으키는 세균을 정화하거나 구강세균을 소멸해 입냄새를 없애기도 한다.

암 발생을 억제한다는 연구결과도 있다. 매일 하루 6잔 이상의 녹차를 마시면 잘못된 섭식, 음주나 흡연에 의한 발암요인을 효과적으로 무력화할 수

있다는 게 일본의 연구결과다.

　녹차에 들어 있는 카테킨류의 약 50%를 차지하는 에피가로카테킨갈레이트(EGCG)는 고혈압 등 생활습관병(성인병)과 직접적인 연관이 있는 혈중지질, 혈압, 혈당수치를 정상으로 돌려놓는 효과가 있는 것으로 조사돼 있다. 항산화 역할을 하는 플라보노이드, β-케로틴, 비타민C, 비타민E, 카페인 등의 성분도 풍부하게 들어 있다.

　카테킨 성분은 물의 온도가 80℃ 이상으로 높아져야 잘 녹는 성질을 갖고 있다. 따라서 카테킨 성분을 많이 섭취하고 차맛을 높이기 위해서는 찻잎을 80℃ 정도의 물에서 우리는 것이 좋다.

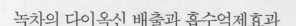

녹차의 다이옥신 배출과 흡수억제효과

마당에 풀어놓고 키운 닭의 달걀이 닭을 닭장에 가둬 놓은 채 대량으로 생산한 달걀에 비해 발암물질인 다이옥신 성분이 훨씬 많다고 독일 정부 당국이 발표했다. 가격이 비싸도 건강에 더 좋다고 여기며 방사형 닭의 달걀을 사먹어 왔던 소비자들에겐 놀라운 충격이었다.

지난 연말 우크라이나 대통령으로 당선된 유셴코. 선거 유세가 한창이던 어느날, 뉴스에 나타난 그의 얼굴은 귤껍질처럼 얽고 푸르죽죽한 피부로 변해 있었다. 유셴코의 혈액 샘플을 분석한 암스테르담 대학 환경독성물질학과의 브루어 교수는 "다이옥신에 중독됐다"고 발표했다. 다이옥신은 인류가 개발한 화학물질 중 가장 독성이 강한 물질로 알려져 있다. 청산가리의 1만 배에 이를 정도로 맹독성이 강해 실험용 쥐에 10억분의 1g만 투여해도 즉사할 정도다.

다이옥신은 1957년 미국 농가에서 쓰이는 제초제에서 처음 발견됐으나, 암을 유발한다는 사실이 증명된 것은 별로 오래되지 않았다. 다이옥신은 도시의 쓰레기 소각장이나 염소 등을 사용하는 공장에서 주로 발생한다. 이 다이옥신은 분해되지 않고 토양이나 침전물에 축적되며 생물 체내에 유입되면 수십 년 수백 년까지도 존재한다는 사실이 우리를 두렵게 한다.

녹차의 다이옥신 배출과 흡수억제 효과는 두 가지 원인에 의한 것으로 추정된다. 하나는 녹차의 식이섬유가 다이옥신을 흡착하여 소화기관 내에서 흡수되는 것을 막고 변으로 배설시키기 때문이다. 또 다른 하나는 다이옥신과 결합하기 쉬운 형태로 되어 있는 엽록소가 다이옥신과 결합, 소화기관의 다이옥신 흡수를 막기 때문이다.

WellBeing Sense

녹차는 노화를 막아 준다

사람은 누구나 늙는다. 그것은 하나의 진리다. 하루하루 늙어가는 것은 뚜렷하게 눈에 보이는 생리적인 현상이지만 왜 늙는지에 대한 명쾌한 결론은 아직도 많은 부분이 베일에 싸여 있다. 노화(aging)는 유기체를 노쇠한 상태로 이끄는 점진적인 생리 변화, 또는 대사 스트레스에 대한 유기체의 적응 능력과 생체 기능의 감퇴라고 정의되어 있고 과학은 속성상 노화를 극복할 방법을 찾기 위해 끊임없이 노력해 가고 있다

노화가 진행되는 원인 혹은 메커니즘에 대한 설명은 크게 예정설과 마모설로 나누어 볼 수 있다.

예정설은 세월이 흐르면 사람이 늙게 되어 있다는 이론이며 마모설은 사람의 세포, 조직, 기관도 기계처럼 오래 쓰면 닳아 없어진다는 이론이다.

늙지 않고 영원히 살고 싶다는 개인들의 추구는 인류 전체로 볼 때 결코 정당화될 수 없는 면이 있다. 불로장생의 수단은 그 자체만으로 엄청난 문제들을 양산할 것이고, 새로 태어날 후손들의 자리를 빼앗음으로써 인류, 나아가 생태계 전체를 혼란에 빠뜨릴 것이다. 지금도 사람의 수명이 늘어나고 인구가 많아지면서 인구 피라미드가 네모꼴로 뒤틀리고 있는 형국이다.

삶과 죽음은 피할 수 없는 우주의 신진대사다. 죽음에서 새로운 생물이 태어났다가 다시 멸망해 간다. 따라서 삶과 죽음은 지구의 생태계가 신선하고 조화롭게 균형을 유지해가는 현상이다. 육체의 여러 세포는 반복되는 죽음과 삶의 순환에 따라서, 생명력과 신선한 기능을 유지하고 있다.

16세기 철학자 몽테뉴(Michel de Motaigne)는 "우리는 우리가 지닌 조건에 수반되는 법칙들을 순순히 받아들여야 한다. 모든 의학의 존재에도 불구하고, 우리는 태어나서 늙고 허약해지고 병이 들 것이다. 우리는 우리가 피할 수 없는 것들을 견뎌야 한다는 것을 배워야 한다."고 말했다.

그러나 인간의 욕망이 어디 그러한가. 인간은 좀더 젊고 건강하게 오래 살 수 있는 방법을 끊임없이 모색해 왔고 앞으로도 노화 극복을 위한 과학 연구의 비중은 점점 높아질 것이다. 아직 노화의 근본 과정은 규명되지 않고 있지만 노화의 주범인 활성산소와 우리 체내의 항산화 효소 등 노화 원인도 상당부분 밝혀진 셈이다. 정상적인 대

녹차 한 잔 하실까요

사과정에서 부수적으로 생성되는 활성산소들에
의하여 생체구성 성분들이 산화적 손상을 받게
되어 노화와 죽음에 이르게 된다는 것이다.

우리 몸 안의 항산화 효소는 활성산소에 대항
하여 인간의 생명과 노화방지에 중요한 역할을 한
다. 젊을 때는 체내 항산화 물질의 생성과 역할이 활
발하기 때문에 암 성인병 혈류장애 등의 발생을 예방하는
면역력이 높지만 40세가 넘으면 항산화 효소의 급격한 기능 저하로 각종 성인병
과 암에 쉽게 노출된다.

노화를 늦추기 위해서는 녹차, 콩, 참깨, 배아(쌀눈), 율무, 유자즙 등과 신선한
야채를 충분히 섭취하여 항산화인자(각종 비타민C, E, 및 카로틴)를 공급하고 적당
한 운동과 과식하지 않는 식생활 습관을 생활화해야 한다. 종합비타민제를 복용
하는 것도 좋다.

한국의 다성이라 불리는 초의선사는 일찍이 〈동다송〉에서 아래와 같이 기록하고
있다.

옥천의 진공이 나이 여든에도 얼굴빛이 복사꽃 같았다.
이곳 차의 향기는 다른 차보다 맑고 신이하여 능히 젊어지게 하고
고목이 되살아난 듯 사람으로 하여금 장수하게 하더라.

활성산소, 항산화 방어기전, 항산화제란?

●활성산소

산소는 사람이 살아가는 데 없어서는 안 될 중요한 요소이다. 산소는 몸속에서 생명체를 유지하는 데 필요한 에너지를 발생시켜 인간의 생명을 보존시키는 역할을 한다.

몸속에 들어온 산소는 일부가 화학반응으로 활성산소로 변하는데, 활성산소는 혈류 속에 있는 콜레스테롤을 산화시키고 과산화지질을 만들어 혈관벽에 계속적으로 부착시키는 작용을 한다. 과산화지질은 성인병의 근원이 되는 물질로 독성이 강하고 세포를 죽이는 원흉이다.

●항산화 방어기전

다행히 우리 체내에는 환경적응 유전자에 입력된 방어 시스템인 효소, 즉 활성산소 과산화지질 등을 무독화하여 제거하는 물질이 있다. 그 대표적인 것이 항산화 효소 SOD(Super Oxide Dismutaze)이다.

활성산소로부터 몸을 보호하는 특수한 효소가 우리 몸에 있다는 것은 1939년 미국의 후버 박사에 의해 처음 발견되었다.

그 후 SOD의 연구는 계속되어 활성산소에 대항하여 인간의 생명과 노화방지의 중요한 역할을 담당하게 된다는 것이 밝혀졌다.

젊을 때는 체내의 항산화 물질의 생성과 역할이 활발하기 때문에 암 성인병 혈류장애 등의 발생을 예방하는 면역력이 높은 데 비해 40세가 넘으면 항산화 효소의 급격한 기능 저하로 각종 성인병과 암에 노출된다.

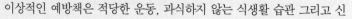
이상적인 예방책은 적당한 운동, 과식하지 않는 식생활 습관 그리고 신

선한 야채의 섭취를 통하여 항산화인자(비타민C, 비타민E 및 카로틴)를 공급 받는 것이다.

● 항산화제 (Antioxidants)

활성산소는 단백질과 세포막, DNA와 같은 중요한 세포 성분들에 산화적 손상을 일으켜 노화 및 암 발생과 관련이 있는 것으로 이야기된다.

비타민, 미네랄, 효소, 호르몬, 폴리페놀 등 항산화제로 불리는 것들이 활성산소 분자를 중화시켜 세포 손상을 막아 준다면서 제품화되어 팔리고 있다.

비타민 이야기

　비타민이 건강에 좋다는 것은 오래된 상식이다. 그런데도 요즘 다시 '비타민 건강법'이 건강 장수법의 새로운 이슈로 떠오르고 있다. 암 등 갖가지 질병과 노화의 원인이 되는 '유해산소'의 생성과 작용을 막아 줌으로써 세포를 건강하게 해줄 수 있기 때문이다.

　의학적으로 볼 때 노화는 우리 몸이 산화작용을 하며 발생되는 필연적 변화이다. 때문에 나이가 들면 암을 비롯한 각종 질환을 예방하고, 노화를 억제하기 위한 '만병통치약'으로 비타민제를 복용할 필요가 있다고 주장하는 학자들이 많다.

　실제로 비타민C와 비타민E, 베타카로틴(비타민A의 전구물질) 등의 항산화제는 우리 몸에 해로운 활성산소를 해소시켜 암과 노화를 방지하는 효과가 있다는 연

구결과도 많이 나오고 있다.

비타민의 존재가 명확히 밝혀진 것은 20세기 초였다. 그 후 1911년 폴란드 화학자 카시미르 풍크는 현미에 포함된 각기병 예방물질이 유기화합물 아민 (amine)임을 밝혀냈고 생명유지에 꼭 필요한 아민(vital amine)이라는 뜻으로 '비타민(vitamine)' 이라 이름 붙였다.

우리의 식단은 영양은 풍부하지만 비타민이나 무기질이 부족한 경우가 많다. 스트레스, 흡연, 과음은 비타민을 부족하게 만든다. 녹차에는 피부에 탄력을 주고 미백 효과가 있는 비타민A, C, B2, E(토코페롤) 등이 풍부하다. 잘못된 식습관을 바로잡고 녹차를 날마다 마시면 건강을 찾고 노화를 늦출 수 있다. 녹차는 천연비타민을 우리에게 제공하여 주는 더 없이 좋은 식품인 것이다.

대부분의 생물은 스스로 비타민C를 합성해 내는 능력을 갖고 있다. 그러나 사람만은 체내 합성이 되지 않기 때문에 외부에서 섭취해야 한다. 건강보조식품을 먹는 것보다는 감귤류 과일과 녹차, 야채, 시금치, 딸기, 토마토를 많이 섭취하는 것이 더 바람직하다.

녹차에는 비타민C가 많이 함유되어 있다. 차의 저장이 잘 되면 2~3년간 보존된다. 그러나 홍차에는 비타민C가 함유되어 있지 않다. 홍차에서 비타민C가 없어진 것은 제조과정 중 산화되어 옥살산 등으로 되기 때문이다.

많은 양을 한꺼번에 먹는 것보다 틈나는 대로 자주 먹어 항상 몸속에 적정농도의 비타민C가 남아 있도록 하는 것이 좋다.

비타민의 성분과 효능

● 노화와 암을 예방하는 비타민C

화학상과 평화상 등 노벨상을 두 번이나 받은 라이누스 폴링 박사는 비타민C를 충분히 먹는 것만으로도 감기 예방과 회복은 물론, 암 예방에까지 도움이 된다고 강조했다. 비타민C의 가장 중요한 점이 바로 항산화 역할이다.

차에 많이 있는 카테킨과 마찬가지로 과산화지질의 생성을 막고 동맥경화를 억제하는 등 그 화학구조에 기초되는 산화환원반응에 의하여 노화작용을 억제시키는 작용을 한다. 비타민C 자신이 산화됨으로써 다른 물질의 산화를 막아 세포 노화와 암을 예방해 주는 것이다. 오렌지 등 감귤류 과일에 주로 들어 있는 비타민C를 많이 섭취하는 사람들은 암과 심장질환 비율이 낮은 것으로 밝혀졌다.

비타민C가 당화(glycosylation)를 억제하는 효과가 있다는 연구도 있으며, 그것을 근거로 만성 질환에 대한 긍정적인 역할을 주장하기도 한다. 하지만 비타민C의 역할은 이것만이 아니다. 피부 결합조직인 콜라겐 합성, 스트레스 해소에 필요한 스테로이드 호르몬 합성, 면역력 증강, 콜레스테롤 낮추기 등도 중요한 역할이다. 부족하면 신체가 허약해지고, 피부 잇몸 구강점막 등에 출혈이 생기는 괴혈병이 생길 수도 있다.

● 비타민C 고용량 섭취 심장병 방패막이

비타민C를 고용량 섭취할 경우 심장마비 등 주요 심장병의 발병률을 낮추는 데 매우 효과적임을 재차 입증한 역학조사 결과가 공개됐다.

미국 하버드대학 의대, 노스캐롤라이나대학 의대, 스웨덴 카롤린스카 연구소,

우메아대학 의대, 덴마크 글로스트루프대학 예방의학센터, 이스라엘 텔아비브대학 의대 등의 공동연구팀은 총 29만 3,172명의 피험자들에게 비타민C 및 E, 카로티노이드 등을 섭취토록 한 뒤 10년 동안에 걸쳐 관상동맥 심장질환 발병률을 추적 조사하였다.

보충제 복용을 통해 1일 700㎎ 이상의 비타민C를 꾸준히 섭취했던 그룹의 경우 보충제를 복용하지 않았던 대조그룹에 비해 심장병 발병률이 25%까지 낮은 수치를 보인 것으로 나타났다.

다만 이 같은 심장병 예방효과가 순전히 비타민C의 작용에 기인한 것인지, 아니면 다른 요인들도 복합적으로 영향을 미친 결과인지는 아직 확실치 않은 것으로 분석됐다.

●비타민A도 암 예방제

비타민C와 마찬가지로 비타민A도 유해산소로부터 세포를 보호한다. 또 폐암, 자궁경부암, 대장암 등 몇가지 암에 대해서는 예방 효과가 있다는 연구결과가 잇따라 나오고 있다.

비타민A나 베타 카로틴 섭취를 더 많이 하고 싶다면, 건강보조식품보다는 적황색 채소를 더 많이 섭취하는 것이 바람직하다. 비타민A는 엽록소와 베타 카로틴을 함유한 녹황색 야채, 버터, 계란, 우유, 생선, 간유 등에 많다.

항노화 파트너 비타민E

수용성인 비타민C가 몸속 수분이 있는 곳에서 유해산소를 제거한다면, 지용성인 비타민E는 지방질이 있는 곳에서 산화·부패되지 않도록 지방을 보호해준다. 또 혈액 속에 있는 나쁜 콜레스테롤(저밀도 콜레스테롤)이 산화·부패되는 것도 막아 줘, 이를 이용하면 동맥경화를 예방할 수 있다.

WellBeing Sense

생활 방식이 웰빙방정식

오늘날 우리는 건강이나 수명을 얘기할 때, 습관처럼 의학에만 의존하는 경향이 있다. 그런데 노화는 사람마다 각기 각양각색의 모습으로 나타난다. 그 이유는 생활 습관과 유전적인 영향에서 찾을 수 있다.

스웨덴 연구팀은 동일 유전자를 지녔지만 생활 방식은 다른 사람들, 즉 태어나자마자 떨어져 각각 다른 환경 속에서 자라난 일란성 쌍둥이들을 연구했다. 유전자가 수명에 절대적인 영향을 미친다면 거의 비슷한 나이에 사망해야 한다. 그러나 실제 연구 결과는 유전자가 수명에 미치는 영향은 20~30%에 불과한 것이라는 결론으로 이어졌다. 결국 생활 방식이 결정적 요인이라는 것이다. 유전적 요인이야 타고난 것이니 어쩔 수 없지만 생활 방식을 바꾸는 일은 개인의 노력 여하에 따라 얼마든지 가능하다.

전문가들이 흔히 밝히는 젊게 사는 비결은 의외로 특별하지 않다. 그저 규칙적인 운동과 자연식과 채식 위주의 식이요법을 하는 것이다. 그 무엇보다 가장 좋은 운동은 약간 빨리 걷는 정도의 산보(속보: 速步). 하루 30분 정도 일주일에 4~5회 하는 것이 가장 효과적이다.

스트레스를 줄여주는 것도 노화 방지에 특효약이라고 전문가들은 말한다. 스트레스를 줄이는 것은 젊게 사는 데 무엇보다 중요한 일이다. 부모님이 젊게 살기를 바라는 자녀들 역시, 반드시 부모님과 꾸준한 대화를 유지하도록 하는 것이 노인병 예방에도 탁월한 치료제이다.

서울의대 유태우 교수는 "노화방지를 위한 불로초가 있다면 그것은 운동이다.

적절한 운동과 함께 암 예방 및 조기진단 · 치료, 만성질환 조기진단 · 적극치료, 금연, 음주 절제, 과로 개선, 노화 평가 및 조기개선 등이 노화방지의 중요한 구성 요소"라고 말한다. 나이에 따른 자연스런 노화 현상을 인정하되 걸핏하면 약에 의존하거나 움츠러들지 말고 잡초처럼 주위 환경에 적극적으로 대처하면서 마음의 여유를 잃지 않는 게 노화방지의 지름길이라는 것이다.

메이요 클리닉의 무병장수 전략

건강과 장수는 어떤 한 가지 약이나 노력만으로는 얻어질 수 없다. 다음은 우리가 하나하나 익히 알고 있는, 메이요 클리닉이 제안하는 무병장수 전략이다.

(1) 정신을 단련한다.
(2) 신체를 단련한다.
(3) 건강한 식생활을 따른다.
(4) 건강한 체중을 유지한다.
(5) 다치지 않도록 조심한다.
(6) 아프거나 다쳤을 때 빨리 치료받는다.
(7) 햇볕 차단제를 사용한다.
(8) 담배를 피우지 않는다.
(9) 간접 흡연을 피한다.

정신건강도 젊음의 비결, 스트레스를 줄여라

오늘날처럼 갈등과 경쟁이 치열한 산업 사회에서 현대인들의 대부분은 많은 신체적 · 심리적 부담감을 느끼고 있으며 이런 부담감을 일명 스트레스라 한다. 우리의 삶은 스트레스의 연속이라고 할 수 있다.

스트레스라는 말은 원래 라틴어에서 유래된 것으로 '팽팽하다' 라는 의미를 가지고 있다. 스트레스는 우리에게 주어지는 여러 가지 내 · 외적 요구에 대한 신체의 비특이적인 반응이며 크게 세 가지로 구분되고 있다.

첫째는 더위, 추위, 소음 등과 같은 물리학적 요인에 의해 발생하는 스트레스이고, 둘째는 피로, 질병과 같은 생리적인 요인에 의해 유발되는 스트레스이며 마지막 셋째는 사회나 학교에서의 대인관계로부터 생기는 갈등, 좌절, 불안 등에 의해 발생하는 사회 · 심리적 스트레스이다.

스트레스를 받으면 심장 박동이 갑자기 증가하고 가슴이 두근거리고 눈이 동그래진다. 또한 땀이 나며 피가 머리와 몸통으로 쏠리게 된다. 이 같은 원리로 소화기관으로의 혈액 순환이 감소되어 스트레스를 받으면 소화가 잘 안 되는 것이다.

스트레스 반응은 호르몬을 통해 작용하는 내분비 계통에도 영향을 미친다. 스트레스가 지속적으로 가해지면 부신피질호르몬이 분비되는데 부신피질호르몬인 코티졸이 장기적으로 분비되면 혈압을 높이고 임파구수를 감소시켜 면역 기능을 떨어뜨리게 된다.

적절한 스트레스는 삶의 원동력이 되며 효율성과 생산성을 높여 주기 때문에 원기를 북돋는 활력소로 작용한다. 그러나 지나친 스트레스는 질병을 일으키거나 사망에 이르게 하므로 스트레스는 중요한 건강 위험 인자이다.

스트레스에 가장 취약한 질병은 심장병인 것으로 알려졌다. 그 이유는 스트레스가 쌓이는 동안에 축적됐던 지방이 핏속으로 대량 유출되어 콜레스테롤치(値)가 높아지기 때문인 것으로 분석된다.

차를 마시면 갈증 해소나 여러 생의학적인 효능 외에도 정신적인 효능을 얻을 수 있다. 차를 마시는 동안 은은히 배어나오는 싱그러운 그린계의 향기와 달콤한 플로랄계 향기는 스트레스를 해소시키고 기분을 전환시켜 준다.

카페인은 대뇌를 자극하여 머리를 맑게 하고 기분을 좋게 하여 정신적인 안정에 도움을 준다. 또한 풍부히 함유된 비타민C가 피로를 회복시켜 주고 데아닌은 머리를 맑게 해주어 차는 복합적으로 스트레스 억제 작용을 한다.

동다송에는 다음과 같은 구전을 실어 차의 효능을 알려주고 있다.

수나라의 문제가 황제로 등극하기 전 귀신이 자기 뇌를 바꾸는 꿈을 꾸고서 상심한 나머지 병석에 누웠다. 한 스님이 차를 마시라는 처방을 내렸고 정성들여 차를 마셨더니 심신이 깨끗하게 가벼워졌다. 이 말을 전해들은 세상 사람들이 비로소 차의 효능을 깨달았다.

고려말의 삼은 중 하나인 목은(木隱) 이색(李穡)은 차를 마시며, 군자를 노래한다. 그는 차를 마신 후 읊조림(茶後小詠)에서 차를 마심으로써 귀가 밝아지고 편견이 없어지며, 살과 뼈가 바로 섰다고 노래한다.

목은 이색(牧隱 李穡)(1328~1396)

작은 병에 샘물을 길어 깨어진 솔에 노아(露芽)차를 달이네.

귀가 갑자기 밝아지고 코로는 다향(茶香)을 맡네.

문득 눈을 가리운 편견이 없어지니 밖을 바라보는 데 티끌이 없어라.

혀로 맛본 후 목으로 내려가니 살과 뼈가 바로 서 있도다.

가슴 깨끗하니 생각에 그릇됨이 없네.

어느 겨를에 천하를 다스리랴. 군자는 마땅히 집안을 바르게 해야 하리.

녹차를 마시면 여러 가지 성분의 조화에 의하여 선의 경지에 빠지게 된다. 선의 경지와 정신을 발견하고 체득하고 회심의 미소를 얻는 것, 그것이 바로 차에 담겨 있는 영적인 건강인 것이다.

녹차는 성인병의 특효약

혈관이 건강해야 진짜 웰빙

우리가 추구하는 웰빙의 조건은 다양하지만 이 중에서도 혈관 건강을 빼놓을 수 없다. 현대인을 위협하는 많은 질환, 고혈압과 당뇨병, 뇌졸중과 심근경색 등 치명적인 질환의 대부분이 혈관의 문제를 포함하고 있다. 최근 한국인의 10대 사망 원인 가운데 가장 빠른 속도로 증가하고 있는 것이 바로 심혈관 질환이다.

혈관은 혈액이 온 몸을 도는 통로로, 혈액을 통해 각종 영양분과 산소를 전신의 구석구석에 전달하는 파이프라인 구실을 한다. 이 혈관에 탈이 나 혈액 공급에 문제가 생기면 뇌와 심장은 물론 팔다리와 신장, 눈 등 생명활동에 중요한 여러 장기가 손상을 입어 치명적인 질환으로 이어진다.

콜레스테롤 수치가 혈관 건강의 지표

혈관 건강을 말할 때 빼놓을 수 없는 것이 바로 콜레스테롤. 한 사람의 혈관 건강은 콜레스테롤 수치로 나타난다고 해도 과언이 아니다.

콜레스테롤은 우리 몸에 반드시 필요한 물질이다. 체내 세포막을 구성하고, 소화 보조액(담즙)과 여러 가지 호르몬의 재료로 사용된다. 간이나 장에서 65% 정도가 만들어지고, 나머지는 음식 섭취로 충당된다.

그러나 콜레스테롤에도 '좋은 콜레스테롤(HDL : 고밀도지단백)'과 '나쁜 콜레스테롤(LDL : 저밀도지단백)'이 있다. 좋은 콜레스테롤은 동맥경화를 예방하며 이미 발생한 동맥경화도 제거해 준다. 반면, 나쁜 콜레스테롤은 동맥경화를 유발하고 촉진시킨다. 간에서 제대로 처리되지 않은 LDL콜레스테롤이 과다하면 마치 수도관 내벽에 녹이 슬고 불순물이 엉겨 붙어 수도관을 막는 것처럼 혈관을 좁게 만들거나 막아 버리고 동맥경화를 초래한다. 이는 협심증과 심근경색증, 뇌졸중 등으로 이어져 생명을 위협하게 된다.

식습관 바꾸고 녹차 많이 마셔야

혈관 질환은 콜레스테롤이 많은 식사 습관과 운동 부족, 비만이 주요 원인으로 꼽힌다. 폐경이 지난 50세 이상 여성, 흡연과 음주가 잦은 사람, 스트레스를 많이 받는 사람도 고지혈증에 걸릴 위험이 높다. 저지방식, 운동 등의 비교적 단순한 생활습관을 변화시키면 혈중 콜레스테롤을 5~10mmHg 정도 감소시킬 수 있고,

이것은 관상동맥질환 발생률을 10~20% 감소시키는 효과가 있다.

우리는 전통적으로 지방이 적은 음식물인 채식 위주의 생활을 해 왔다. 그러나 급격한 경제발전과 함께 물질적인 삶의 질이 향상되면서 식생활이 서구화되고, 반갑지 않은 동맥경화증에 의한 심장병들이 증가하고 있다.

동맥경화성 심장병의 발생에 고지혈증이 주원인인 점을 고려하면, 지방이 많은 식품을 좋아하는 현재의 식습관은 반드시 개선되어야 한다. 정부가 전 국민 계몽 운동을 펼쳐서라도 어려서부터 좋은 식습관을 길러주는 일이 무엇보다 중요하다.

고혈압, 소리 없는 살인자

고혈압은 우리나라 주요 사망원인인 순환기계 질환, 특히 뇌혈관 질환의 주요 원인이다. 우리나라 고혈압의 발생 빈도는 30세 이상 성인에서는 30%, 60세 이상이 되면 50%에 이른다. 하지만 고혈압을 가진 많은 사람들이 그 위험성을 인식하지 못하고 있다. 더구나 비만, 당뇨병 등과 함께 동반된 경우가 많아서 그 위험성이 더 크다.

고혈압인 사람들은 정상인 사람에 비해 뇌졸중, 동맥경화성 심장병, 심부전 등 심장혈관 질환의 빈도가 현저히 높아서 수축기혈압이 20mmHg(또는 이완기혈압이 10mmHg) 더 높으면 뇌졸중에 의한 사망은 2배 이상, 그리고 협심증, 심근경색 등의 허혈성 심장병에 의한 사망은 2배 정도 더 높다.

고혈압의 범주

정상혈압은 120mmHg 미만/80mmHg 미만을 말한다. 얼마 전까지 정상혈압으로 간주되던 수축기혈압 120~139mmHg 또는 이완기혈압 80~89mmHg인 경우는 '고혈압 전단계' 로 분류되며 그 이상이면 고혈압이다.

고혈압 전단계는 약물 치료 대상은 아니지만 고혈압 관리를 위한 적극적인 생활습관 개선이 필요한 상태를 말한다.

혈압 높으면 혈관 망가지고 심장도 헐떡

혈압이란 글자 그대로 혈관 내의 압력을 말한다. 혈압은 심장에서 밀어내는 혈액량이 많을수록, 동맥의 직경이 작을수록 올라간다. 이 힘은 심장이 심장 안에 있는 피를 대동맥으로 밀어내기 위해 심실이 수축할 때 생기는 것으로 피가 전신을 순환하는 데 필요한 원동력이 되는 것이다.

혈압이 높으면 심장이 더 많이 뛰어야 하므로 심장을 지치게 만든다. 높은 압력 때문에 동맥 혈관 표면에도 상처가 나게 된다. 고혈압은 '소리 없는 살인자' 라는 악명처럼 소리 없이 우리의 심장과 동맥을 파괴시켜 우리를 사망에 이르게 한다.

비만, 스트레스, 식습관 등이 원인

전체 고혈압환자 중 본태성 고혈압이 90~95%, 이차성 고혈압이 5% 정도인 것으로 추정되고 있다. 본태성 고혈압의 경우 유전적 인자, 비만, 직업적 스트레스, 흡연, 흥분, 신경과민, 염분 과다섭취, 운동부족 등 일상적인 생활습관과 밀접한 관련이 있다.

식습관과 신체 리듬 조절 외에는 완치 방법이 없다

안타까운 현실이지만 현재까지 고혈압을 완치시킬 수 있는 방법은 없다. 따라

서 적절한 조절 방법 외에는 길이 없다. 운동 등
을 통해 체중을 조절하며 규칙적인 생활로 신체
리듬을 조절해 늘 원활히 움직이게 만든다.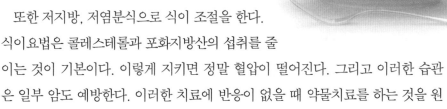
   또한 저지방, 저염분식으로 식이 조절을 한다.
식이요법은 콜레스테롤과 포화지방산의 섭취를 줄
이는 것이 기본이다. 이렇게 지키면 정말 혈압이 떨어진다. 그리고 이러한 습관
은 일부 암도 예방한다. 이러한 치료에 반응이 없을 때 약물치료를 하는 것을 원
칙으로 한다.
   혈압이 높으면서도 생활습관 한번 바꿔 보려는 노력도 하지 않고, 약도 먹지
않으려고 한다면 뇌졸중이 올 때까지 기다리는 격이다.

고혈압 환자는 살부터 빼야

   뚱뚱한 고혈압 환자는 체중부터 줄여야 한다. 성인은 체중을 10kg 줄이면 혈압
은 5~20mmHg 감소한다. 고혈압이면서 비만인 사람이 체중을 조절하면 혈압이
정상으로 돌아올 확률은 50% 정도이다. 몸무게를 적정수준에 맞게 유지하면 혈
압은 반드시 내려간다.
   녹차는 비만방지 효과가 뛰어난 식품이다. 녹차를 자주 마시면 체중이 감소되
고 혈압도 자연히 떨어지게 된다.

술과 담배는 무조건 끊어야

   흡연은 혈관 내벽을 좁아지게 하고 모세혈관을 수축시킨다. 혈압을 올리며 항
고혈압제의 효과를 상쇄한다. 고혈압이 있는 사람이 담배를 피우면 심장병, 뇌출

혈 등의 심혈관 질환 위험이 3배 이상 높아진다.

담배가 몸에 해롭다는 것을 알면서도 금연을 실천하기가 어렵다면 생각을 바꾸어야 한다. 담배의 유해성에 관한 막연한 인식은 도움이 안 된다. 하루 한 갑 피우면 8년 늙고, 이런저런 나쁜 습관을 합치면 30~40년 늙는다는 사실을 심각하게 인식해야 한다. 고혈압이 되면 금연부터 실천하라.

고혈압 환자는 알코올도 제한해야 한다. 휴식 요가 정신요법 등으로 스트레스를 풀고 여유로운 마음을 가지는 것도 혈압조절에 도움이 된다.

약물 치료는 이럴 때

약물 치료는 생활습관을 개선해도 충분히 혈압이 떨어지지 않는 경우 칼슘 길

항제, 베타 차단제, 알파 차단제, 이뇨제 등을 사용한다.

　고혈압 약은 혈압을 정상으로 유지해 합병증을 예방하기 위한 것이다. 따라서 의사의 지시에 따라 적절한 약을 복용하면서 운동, 금연, 절주 등 생활습관을 바르게 한다면 걱정할 필요는 없다. 고혈압도 친구처럼 잘 대해 주면 절대 배반하지 않고 사람을 해치지 않을 것이다.

당뇨병, 가장 많이 발생하는 만성질환의 대명사

　당뇨병은 현대인에게 가장 많이 발생하는 만성질환이며 오줌 속에 당이 섞여 나오는 것을 말한다. 당뇨병 환자는 식사를 통하여 섭취한 당분(포도당)이 간장이나 근육 또는 지방세포 등에 적절히 저장되지 못하고 정상인보다 훨씬 높은 혈당을 유지한다. 그리하여 혈당이 너무 많이 넘쳐서 소변으로 흘러나오게 되는 것이다.

　췌장에서 생산되는 인슐린이라는 호르몬이 부족하거나 작용에 이상이 있게 되면 당뇨병이 발생된다. 또 유전적 요인도 있는데 발병에는 발병 인자가 관계돼 있기도 하다. 30세 이후의 뚱뚱한 사람, 그 밖에 세균 감염, 임신, 정신적인 스트레스를 강하게 받았을 경우 등에도 발병할 위험이 높아지게 된다.

고혈압과 당뇨병은 단짝친구

　당뇨병이 있으면 고혈압이 생기기 쉽다. 성인 인구의 약 24%에서 고혈압이 발생하지만 당뇨병 환자의 고혈압 발병률은 60%에 이른다. 반대로 고혈압이 있는 사람도 당뇨병의 발병률이 2.5배나 높다. 즉 당뇨병과 고혈압은 공통적인 기전을 가진 질환군으로도 여겨지고 있어서 이를 동시에 치료해야 하는 경우가 많다.

대사증후군 – 고혈압과 비만, 당뇨병의 연관성

자동차, 에스컬레이터, 리모컨, 휴대폰 등 편의도구가 현대인으로 하여금 점점 활동부족이라는 중병에 빠지게 한다. 30년 전의 칼로리 섭취가 현재보다 많았음에도 불구하고 현대에 더 많은 비만과 함께 고혈압, 당뇨병이 늘어나고 있는 것이 바로 그 이유에서이다.

최근의 연구는 당뇨병 환자가 혈당만 조절한다고 해서 심장질환으로 인한 사망을 줄일 수 없다는 점을 속속 밝히고 있다. 혈당을 낮추는 약물이 당뇨를 근본적으로 해결해주는 것은 아니기 때문이다. 사망으로 연결되는 혈압과 콜레스테롤 수치에 더욱 신경을 써야 한다.

심장동맥이 막혀 혈관을 뚫는 응급시술을 받는 환자의 절반이 당뇨 환자이고, 당뇨 환자에게는 고혈압, 고지혈증이 흔히 동반된다. 1998년 세계보건기구는 결국 심혈관 질환으로 귀결되는 일련의 증상을 '대사증후군'이라는 하나의 범주로 규정했다. 그 중심에는 비만이 자리잡고 있다.

체질량지수(BMI)가 25 이상인 비만은 혈압 상승과 밀접한 관계가 있다. 특히 복부 비만은 고혈압뿐 아니라 고지혈증, 당뇨병, 관상동맥질환에 의한 사망률을 높인다. 고혈압과 당뇨를 동시에 갖고 있는 사람은 심근경색증, 뇌졸중, 말초동맥 질환 등의 발생 위험이 더 높다.

당뇨병과 고혈압이 있는 환자가 심혈관 질환에 걸리지 않으려면 혈당조절보다 혈압조절이 더욱 중요하다.

혈압조절은 일반적인 목표 혈압보다 더욱 낮은 수치로 조절하는 것이 효과적이다. 당뇨에다 고혈압이 더해지면 관상동맥 질환의 발생 위험이 급속히 높아져서 60세 이상 남자 환자의 경우 10년 이내 심근경색이 발생할 절대 위험이 30%에 달한다.

● 인슐린 작용에 적당한 식사가 중요

당뇨병에 걸리면 혈당치가 급격히 상승되지 않도록 인슐린의 작용에 적당한 식사를 하는 것이 가장 중요하다. 녹차 중에 함유된 카테킨 성분은 당질의 소화 흡수를 지연시키는 작용을 함으로써 포도당이 혈액중으로 흡수되는 것이 늦어져 급격한 혈당치의 상승을 억제한다.

녹차는 성인병의 모듬 치료제

● 콜레스테롤치를 낮춰 준다

평소 녹차를 즐겨 마시는 사람들이 콜레스테롤치가 낮은 것으로 거듭 확인됐다. 녹차의 카테킨이 콜레스테롤 흡수를 떨어뜨리고 녹차를 좋아하는 사람들의 평소 식습관이 과일과 야채를 많이 먹기 때문에 이 같은 결과가 나온 것으로 보인다.

고혈압 환자는 저지방, 저염분 식으로 식이 조절을 한다. 식이요법은 콜레스테롤과 포화지방산의 섭취를 줄이는 것이 기본이다. 녹차는 간에서 콜레스테롤이 담즙산으로 대사되어 배출되는 것을 촉진시킨다. 또 장에서 콜레스테롤의 흡수를

억제한다. 또 혈관벽의 콜레스테롤을 간으로 되돌리는 과정에서 인체에 이로운 콜레스테롤인 고밀도지단백(HDL)은 상승시키는 반면 해로운 콜레스테롤인 저밀도지단백(LDL)은 감소시키는 역할을 한다. 카테킨은 세포의 돌연변이, 고혈압, 혈전 생성 등에 강력히 저항한다.

혈압을 떨어뜨린다

최근 들어 건강을 생각해서 전통차를 선호하는 사람들이 늘고 있다. 대표적인 것이 녹차나 발효차다. 녹차는 혈압도 떨어뜨리는 효과가 있어 고혈압환자가 항상 마시기에 좋은 음료다. 고혈압이 있고 비만이 있는 사람은 체중을 조절하면 혈압이 정상으로 돌아올 확률이 50% 정도이다. 몸무게를 적정수준에 맞게 유지하면 혈압은 반드시 내려간다.

녹차는 비만방지효과가 뛰어난 식품이다. 녹차를 자주 마시면 체중이 감소되고 고혈압도 자연히 떨어지게 된다.

떫은 맛이 모세혈관을 튼튼하게 해준다

녹차를 마실 때 떫은맛이 나는 것은 카테킨 성분 때문인데, 카테킨(타닌)은 모세혈관을 튼튼하게 해주는 효과가 있어서 동맥경화나 고혈압 등에 좋다. 혈압은 신장에서 분비되는 효소인 '레닌' 이 간에서 만들어진 안지오텐시노겐이라는 단백질과 작용, 안지오텐신I 이라는 물질을 만든다. 그리고 혈액중 안지오텐신I 변환효소(ACE)에 의하여 혈관을 수축시켜 혈압을 높이는 작용을 하는 안지오텐신II로 변환된다.

이때 녹차의 카테킨은 안지오텐신II로 변환하는 작용을 방해, 결국 혈압상승을 막는 역할을 한다.

이뇨 작용을 하고 나트륨을 배출한다.

흔히 녹차에 들어 있는 카페인을 많이 걱정하는데 녹차의 카페인은 실제로 인체에 흡수되는 양이 커피처럼 많지 않다. 카페인이 이뇨작용을 일으킨다.

이뇨제 사용은 미국의 소금 섭취량이 많은 흑인에게 효과가 있었던 것처럼 우리도 소금 섭취량이 많으므로 효과가 클 것으로 보인다. 소금 섭취량이 많은 환자들에게 이뇨제와 더불어 칼슘길항제도 좋은 효과를 나타내지만 비용 효과면에서는 이뇨제가 유리하다.

고혈압 환자는 소금 섭취에 주의해야 하는데 가루녹차를 소금에 섞어 먹으면 녹차의 칼륨이 소금에 들어 있는 나트륨을 배출하는 작용을 해 소금의 피해를 줄여주는 역할도 하게 된다.

WellBeing Sense

콜레스테롤치 낮추고 당뇨병 치료에도 효과 높아

녹차의 카테킨 성분은 당질의 소화 흡수를 지연시키는 작용을 함으로써 포도당이 혈액 중으로 흡수되는 것을 늦추고 급격한 혈당치의 상승을 억제한다. 식사 때 녹차를 같이 마실 경우 침에 들어 있는 소화효소인 아밀라제(탄수화물을 당으로 변환)의 작용을 억제해 주는 것도 또 다른 원인이다.

또한 1983년 일본 도야마 의과대학의 모리다 교수팀은 일본다업시험장과의 공동 연구에서 녹차 추출액이 혈당 강하 작용을 한다는 것을 밝혀냈다.

이또엔 연구소의 다께오 박사와 미쯔이노린 연구소의 하라 박사 등도 녹차에서 분리한 다당류 성분을 첨가한 녹차 드링크를 당뇨병 환자에게 투여한 결과 혈당치의 저하와 더불어 당뇨병의 합병증으로 발생되는 제반증상이 크게 감소되었음을 보고하였다.

중국인에게 비만과 심장병 등
혈관질환이 상대적으로 드문 이유는?

중국인은 식탁에서 차를 음료수처럼 마신다. 이 차들은 대부분 지방의 흡수를 억제하고, 혈중 콜레스테롤 수치를 낮추는 데 기여하는 것으로 알려졌다. 또 중국 음식의 '감초' 격인 마늘은 혈전(피 찌꺼기)을 막아주고 피를 맑게 하는 작용이 있다.

프랑스인의 혈관을 포도주가 지켜주듯이(프렌치 패러독스) 마늘과 녹차가 혈관의 때(콜레스테롤 등)를 없애준다고 주장하는 학자도 있다.

그러나 마늘과 녹차만 믿고 지방 음식을 양껏 먹으면 곤란하다. 과다 섭취는 비만과 혈관 질환 발생 위험을 높인다. 경제 성장으로 과거보다 음식 섭취량이 늘면서 최근 중국에도 비만ㆍ혈관 질환자가 폭발적으로 늘어나고 있다.

우리 사회를 좀먹는 암, 예방이 가능하다

다른 질병과 마찬가지로 암도 예방이 최선이지만 일단 발병했을 경우 적극적으로 치료하는 것이 중요하다. 암의 치료에는 극심한 고통이 따를 뿐만 아니라 치료에 소요되는 비용 또한 만만치 않아 암은 이제 점점 사회문제화되어 가고 있다.

암의 발병연령은 점차 낮아지고 사망률은 높아지는 추세다. 암은 여러 인자의 영향을 받아 발생하며, 암 발생에 가장 중요한 위험 인자는 담배를 들 수 있고, 그 외에 식이, 술, 신체활동, 호르몬에 의한 영향 등이 있다.

흡연이 발병 주요인

암 사망자의 30% 정도가 흡연 때문인 것으로 분석됐고 전체 암의 약 10~20%가 부모로부터 유전적 요인을 물려받아 발생하는 것으로 알려져 있다. 유전성 암이야 불가항력이지만 대부분의 경우 사전 예방이 가능하다.

우선 폐암은 담배를 피우지 않으면 80~90% 예방할 수 있고, 간암도 B형 간염 백신으로 70% 정도 예방된다. 위, 대장, 유방, 갑상선, 자궁암 등 나머지 5대 암은 조기진단이 쉬워 암으로의 진전을 막을 수 있다. 특히 초기 암의 경우 거의 완치가 가능하다. 다만 많은 환자들이 암이 상당히 진행된 후에야 병원을 찾기 때문에 치료가 어려운 것이다.

암 발병률 증가는 식이의 서구화 때문

암은 심장질환에 의한 사망을 넘어서, 전세계적으로 가장 중요한 사망 원인이 되고 있으며, 우리 나라와 같은 개발도상국에서도 생활양식의 변화와 더불어 암 이환율 및 사망률이 급격히 증가하고 있다.

1990년 암 사망은 10만 명당 105.2명에서 2000년 123.5명으로 뇌혈관 및 심혈관 질환에 의한 사망을 앞지르고 있다. 최근의 통계청 자료에 의하면 우리나라 암 발생은 위암, 폐암, 간암, 대장암, 유방암, 자궁경부암의 순으로 많이 발생하고 있다. 최근 우리나라의 암 발생률 변화는 주로 식이의 급속한 서구화가 그 주요 원인이라고 할 수 있겠다. 실제로 일부 암 발생과 영양에 관한 연구들에 의하면 위의 암들은 80%가 식이와 관련된 것으로 보고되고 있다.

암 발생과 연관된 영양인자들

암 발생과 관련하여 가장 확실한 영양 관련 위험인자는 과체중, 비만 및 신체 활동 부족이다. 비만은 에너지 섭취 과다를 대신하는 인자이고, 신체활동 부족은 에너지 소비 부족을 반영하는 인자이다.

전문가들은 식습관이 질병 발생과 밀접한 관련이 있다고 입을 모은다. 특히 암의 30%는 잘못된 식습관이나 식품과 관련이 있는 것으로 밝혀지고 있는데 이는 흡연과 거의 맞먹는 수준이다.

우리나라 사람들에게 유독 위암 발생률이 높은 것은 찌개·국 함께 떠먹기, 술잔 돌리기 등 한국인 특유의 음식 문화와 무관하지 않다고 지적한다. 즉 헬리코박터 파일로리균은 94년 WHO(세계보건기구)가 주요 위암 발병의 원인으로 지정한 균으로 우리나라 국민의 70~80% 이상이 이 균에 감염돼 있다.

암을 예방하려면

짜거나 기름기 많은 음식, 태운 고기 등을 피하고 야채, 과일, 현미를 많이 섭취하며 적절한 운동을 하는 것이 중요하다. 또 녹차를 자주 마신다. 일본에서는 매일 녹차를 틈틈이 마시는 마을의 위암 발생률이 전국 평균에 비해 남성 5분의 1, 여성 3분의 1 이하라는 연구 결과도 나와 있다. 암 예방 효과를 기대하려면 하루 10잔이 좋다. 녹차 잎을 먹을 경우 하루 6g, 그대로 먹기 어려우면 잘게 썰어 밥이나 반찬에 뿌려 먹는 방법이 좋다.

암 예방 식습관 수칙 (대한암학회 권고사항)

- 곰팡이 핀 음식은 먹지 않는다.
- 검게 탄 식품은 피한다.
- 짜고 매운 것은 적게 먹는다.
- 지방 섭취를 줄인다.
- 비타민 A, C, E를 식품으로 많이 섭취한다.
- 식물성 섬유, 유산균 발효식품을 섭취한다.
- 음식을 잘 씹어 먹는다.
- 훈제식품의 섭취를 삼간다.
- 과음하지 않는다.
- 산화식용유나 변질 튀김류를 먹지 않는다.
- 농약에 오염된 식품을 먹지 않는다.
- 식품첨가물의 섭취를 줄인다.
- 담배를 피우지 않는다.

필자가 세 가지 더 추가해 본다.
- 찌개 · 국 함께 안 떠먹기
- 술잔 안 돌리기
- 매일 녹차 마시기

녹차의 항암 효과

녹차에는 항암 효과가 뛰어난 폴리페놀류인 카테킨이 다량 함유
돼 있다. 폴리페놀류는 위장관 내에 있는 헬리코박터 파일로리
균을 사멸하는 능력이 있다고 알려져 있으며 충치가 생기는 것
을 막는 효과도 있다고 전해진다.
그 외 녹차에는 β—카로틴, 비타민 C, E, 클로로필, 식이섬유 등
의 항암 성분이 있다. 특히 녹차의 주요 성분 중 하나인 카테킨
류는 발암물질의 독성을 없애주고 체내에서 발암물질이 만들어
지는 작용을 억제, 항암 작용을 한다. 이는 암세포가 혈액을 따
라 혈관벽을 통과할 때 작용하는 효소의 활동을 녹차의 카테킨
류가 방해하는 동시에 우리 인체에서 어떤 효소의 작용으로 인
해 유전자가 활성화될 때 암세포에 자살명령을 내리는 활동을
촉진하기 때문이다.

뻐꾸기 둥지 위에 피어나는 사랑

우리 모두는 죽음을 향하여 달리고 있다. 흐르는 세월이 죽음으로 조용히 밀어내고 있다. 누구도 거부할 수 없이 순순히 따라야 한다. 하지만 이러한 죽음을 느끼며 살아가는 사람들은 드물다. 눈앞의 현실에 집착하며 순간적인 쾌락에 만족한다. 더 달콤한 사랑에 빠져든다.

젊고 애교가 넘치는 여자와 만남이 시작된다. 가벼운 만남이 계속되면서 사랑으로 변하였다. 아무리 사랑도 좋다지만 행복한 가정이 잘못된 사랑에 깨져 나갔다. 한 여자의 모든 것을 송두리째 앗아가 버린 것이다. 자신의 행복을 위하여 남의 행복을 짓밟는 과욕이다.

뻐꾸기 둥지. 뻐꾸기는 남의 둥지에 몰래 알을 까놓는다. 부화된 뻐꾸기 새끼는 비정하게 원래 있었던 새끼들을 밖으로 밀어내 죽인다. 남의 보금자리를 가로채 만들어진 뻐꾸기 둥지이다.

사랑하는 남편에게 숨겨진 연인이 있다는 사실에 경악한다. 더구나 그 여자는 새로운 생명을 잉태하고 있었다. 앞이 캄캄했다. 며칠 밤 뜬눈으로 고민을 했고 건강이 악화되었다. 예전과는 다르게 피곤을 참을 수가 없다. 병원에서 정밀진찰을 받았다.

악성 암이 몸 안에서 자라고 있었다. 치료하기에 곤란할 정도로 이미 여러 곳에 암이 전이되어 있었다. 도저히 믿을 수가 없었다. 모든 비극이 자신에게로만 쏟아지는 것 같다. 울컥 올라오는 서러움에 남편의 사무실을 찾아갔다. 남편의 불륜을 거칠게 항의하였다. 남편은 알았다며 아무 말이 없다.

악성 암의 진행은 너무 빨랐다. 암을 숨기고 갑작스런 자신의 죽음으로 남편에게 처절한 복수를 안겨주고 싶었다. 이제 몸을 제대로 가눌 수 없고 복통이 심해지고 숨을 제대로 쉴 수가 없다. 그제야 남편에게 자신의 병을 털어놓았다. 남편은 눈물을 쏟으며 진심으로 잘못을 빌었다.

　　가장 유능하다는 대학병원에 입원을 하고 치료를 했지만 생명의 촛불은 희미해져만 갔다. 언제 꺼질지 모르는 자신의 생명이다. 죽음의 그림자가 강하게 압박해 왔다. 죽음이 느껴져 온다. 죽기 전 남편의 애인을 한번 만나보고 싶었다. 자신을 찾아온 여인은 아주 청초했다. 고개를 숙이며 잘못을 빈다. 뱃속의 아이는 자신이 키우겠으며 남편과도 헤어지겠다고 한다.

　　남편이 사랑하였던 여인을 처음 보지만 밉지 않았다. 힘없는 손으로 그 여인의 손을 꼬옥 잡으며 자신이 죽은 후 남편을 잘 보살펴 달라고 부탁하였다. 안 된다고 거절하는 여인에게 태어날 아이의 장래를 위해서라도 마지막 부탁을 들어달라고 애원한다. 두 여인은 부둥켜안고 울었다.

　　얼마 후 아내는 조용히 눈을 감았다. 힘들게 가꾸어 놓은 가정을 남편의 연인에게 기쁜 마음으로 넘겨주고 떠나갔다. 자신이 떠남으로써 새로 태어날 아이에게 편안한 둥지를 만들어 주었다. 또 다른 뻐꾸기 둥지이다. 살아남은 모든 자들의 행복을 빌며 죽음이라는 평안으로 들어갔다. 뻐꾸기 둥지 위의 죽음은 마지막 용서였다.

　　피할 수 없는 죽음이라는 한계 상황에서 사랑을 바침으로써 죽음을 이겨낸 것이다. 뻐꾸기 둥지 위에 피어나는 사랑을 바라본다.

삶은 죽음의 근본, 죽음은 삶의 뿌리

삶은 죽음의 근본이요, 죽음은 삶의 뿌리라네
　　- 한재 이목 / 일곱 주발 차 -

쌍계사의 벚꽃이 활짝 피면 눈부시게 화사한 남녘의 봄이 열린다. 해마다 꽃구
경하는 인파에 섞여 살랑대는 미풍에도 만개한 꽃잎이 우수수 꽃눈처럼 날리며
떨어지는 걸 보노라면 그 화려함과 처연함에 마음이 숙연해지며 애절한 감상에
젖어들게 된다.

꽃이 진 벚꽃나무 가지에는 어느새 파릇파릇 새싹이 돋아나 연초록 옷을 입고 있다. 수많은 꽃들은 피고 또 덧없이 사라졌지만 생명의 힘찬 발걸음은 새로운 잎으로 이어진다. 봄꽃이 지고 나면 녹차의 계절이 시작된다.

죽음은 쉬지 않는 윤회의 고리로서 영원으로 들어가며 영원은 성을 통하여 새로운 꽃들을 피워내고 있다. 화려한 꽃들이 피어난다. 그리고 진다. 바람에 날려 흰눈처럼 날리는 꽃들의 죽음은 용서이다.

청산의 푸르름으로

그냥 그렇게 사는 것도

어찌 아름답지 않으오리까

님의 부름에

뜨거운 고행을 참고

몸부림의 수신을 건너

바람의 몸으로

다시 태어나

님들의 가슴에 꽃으로 피고

한 모금 차가 되어

끝난다 해도

그윽한 눈으로 바라보고서

두 손으로 감싸 안을

그 님을 찾아

봄바람 청산을

떠나갑니다.

- 소제 박춘묵 / '차 꽃이 피기까지' -

카페인의 좋은 친구들, 녹차와 커피

녹차를 마실 때 가장 먼저 느끼는 맛이 쓴맛이다. 쓴맛을 내는 카페인은 녹차에 평균 2~4% 함유되어 있으나 재배조건에 따라 크게 달라진다. 카페인은 전세계적으로 널리 이용되는 약물 중의 하나로서, 식물성 알칼로이드에 속하는 정신흥분약(각성제) 크산틴(Xanthine) 유도체 중 하나이다.

카페인은 세계보건기구의 국제질병분류에서 중독물로 지정되지 않았다. 또 카페인에 대한 연구에서도 녹차나 커피의 장기 음용에 따른 의존성이나 남용성은 인정되지 않았다. 커피나 녹차를 많이 마시는 분들이라도 중독성을 염려할 필요는 없다.

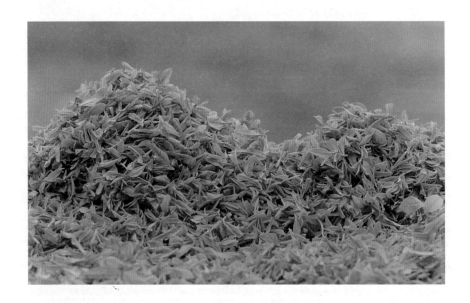

 녹차, 커피. 코코아 등 세계 3대 음료에는 카페인이 들어 있고 콜라, 박카스에
도 들어 있다. 카페인 음료는 육체적 피로를 풀어주고 정신까지 맑게 해주기 때
문에 가장 인기 있는 기분 전환용 식품이 되고 있고 현대 사회를 움직이는 중요
한 물질이라고 말해진다.

 기호음료로서 세계인구의 3분의 1 이상이 즐겨 마시고 있는 커피는, 처음에는
녹차처럼 약리효과 때문에 널리 퍼지게 되었다고 전해진다. 커피의 대표적 성분
은 카페인, 클로로겐산, 나이아신, 칼륨이다. 커피의 종류와 양, 농도에 따라 다르
지만 우리가 마시는 커피 한 잔에는 약 40~108mg의 카페인이 들어 있다. 중세
에서 근대에 이르기까지 의약품으로 사용되었고, 우리 나라에서는 한국전쟁 이
후 커피 소비가 급속히 증가하였다.

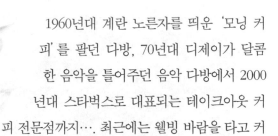

1960년대 계란 노른자를 띄운 '모닝 커피'를 팔던 다방, 70년대 디제이가 달콤한 음악을 틀어주던 음악 다방에서 2000년대 스타벅스로 대표되는 테이크아웃 커피 전문점까지…. 최근에는 웰빙 바람을 타고 커피뿐 아니라 녹차, 케이크, 아이스크림 등 다양한 음식을 함께 즐길 수 있는 테마 카페들이 개성적이고 다양한 욕구를 가진 현대인들의 발길을 이끌고 있다.

보통 하루 5~6잔 정도의 커피는 신체에 별 영향을 끼치지 않는다. 단지 과다 섭취자의 경우 단시간에 많은 양을 마시면 카페니즘(불안, 초조, 불면, 두통, 설사) 현상이 나타날 수 있다. 유난히 카페인에 민감하거나 심장병, 위장병, 빈혈이 있는 사람은 카페인을 제거한 커피를 마시거나 삼가는 것이 좋다. 또 초조해진 사람이 커피나 녹차를 즐긴다면 불면증이 가속화될 수 있다.

커피는 기호식품일 뿐이다. 건강과 관련지어 지나친 걱정이나 기대를 하는 것은 바람직하지 않다. 중요한 것은 사람마다 유전적으로 카페인 분해효소의 능력에 차이가 있으므로 스스로 경험을 통해 적당량을 조절해 마셔야 한다는 것이다.

성매매금지법의 시행으로 녹차캔 음료의 소비가 급감하였다고 한다. 룸살롱에서 위스키를 녹차에 희석시켜 마시면 술이 빨리 깨고 뒤끝이 깨끗하다고 하여 인기가 높았는데 술 소비가 줄어들면서 녹차캔의 소비량도 함께 줄어들었다는 것이다.

스님들이 세속의 때를 벗어버리고 도를 닦기 위하여 애용하는 음료도 녹차이다. 노자는 자신이 창시한 도가의 문하생들에게 불로장생약으로 녹차를 권했다. 카페인의 각성 작용이 선의 문을 활짝 열어 준 것이다. 선방에서 마시는가 아니면

룸살롱에서 마시는가에 따라 녹차는 정결함과 퇴폐함을 함께 담고 있다.

밤이 깊어갈수록 더 뜨거워지는 나이트클럽에서 카페인 음료는 젊음을 즐기는 남녀를 지칠 줄 모르게 만든다. 밤늦게까지 일하는 근로자들에게도 잠을 쫓아주는 녹차, 커피는 필수품이다. 카사노바가 즐겼던 초콜릿에도 카페인이 들어 있다.

카페인은 현대사회를 움직이는 중요한 물질이다.

카페인 함량(1회 섭취량 기준)

녹차나 커피의 카페인 함량은 끓이는 방법, 차의 종류, 물의 온도 등에 의존하므로 그 변이가 크다. 청량음료의 카페인 함량과 카페인을 함유한 주요한 식품들의 카페인 함량은 다음과 같다.

- 에스프레소커피: 40mg
- 차: 40~50mg
- 초콜릿: 30mg
- 감기약(정제): 30mg
- 원두커피 355ml: 200mg
- 콜라: 40mg
- 각성제: 100mg
- 박카스: 30mg

WellBeing Sense

또 하나의 친구 초콜릿

초콜릿에도 각성효과를 주는 테오브로민(theobromine)이 들어 있다. 이 테오브로민 성분은 크산틴 유도체 중 하나로 카페인과 비슷한 작용을 한다. 하지만 그 양은 커피에 비하면 적다. 28g짜리 밀크 초콜릿에는 디카페인 커피 한 잔 정도의 카페인이 들어 있고 초콜릿바 한 개에는 평균 30mg의 카페인이 들어 있다. 특히 초콜릿 원료인 코코아의 테오브로민 성분이 만성기침을 가라앉히는 효과가 있는 것으로 알려지면서 초콜릿의 건강효과에도 관심이 커지고 있다. 본격적인 겨울철로 접어들면 초콜릿 관련 제품의 매출이 급증한다.

영국 임페리얼대학 브롬프턴 병원의 피터 반스 교수 팀은 최근 '미국 실험생물학협회(FASEB)' 저널을 통해 코코아의 테오브로민 성분이 현재 가장 좋은 진해제로 알려진 코데인보다 효과가 30% 더 크다고 발표했다. 또 초콜릿에도 적포도주나 녹차처럼 혈액순환을 돕고 혈압을 낮추는 건강 성분이 들어있다고 워싱턴에서 열린 미국립과학원(NAS) 회의에서 밝혀진 바 있다. 독일 뒤셀도르프대 생화학과장 헬무트 지스 박사는 "과거 10여 년 동안 플라보노이드를 더 많이 섭취하는 것과 심장병 사망률을 낮추는 것 사이의 관계를 연구해 왔다"고 말했다.

하버드의대 노먼 K. 홀렌버그 박사는 파나마 인근 고립된 섬에서 살아온 쿤나족에 대한 연구 결과 코코아가 혈압을 낮추는 효과가 있는 것으로 나타났다고 말했다. 쿤나족은 소금 섭취량이 많지만 정상혈압을 유지하고 있으며 이는 플라보노이드 성분이 들어 있는 코코아를 많이 먹기 때문으로 분석된다는 것이다. 초콜릿이 건강에 이로울 수 있다는 점은 의학저널에도 보고되고 있으나 일부 과학자들은 초콜릿에 지방과 당분이 포함돼 있다는 점을 지적하기도 한다.

녹차 한 잔 하실까요

레드 와인은 녹차와 닮은꼴

바람은 채워지지 않는 뜨거운 갈망들을 가슴 깊이 간직한 채 한순간도 멈추지 않고 불어간다. 이름 모를 들꽃들의 이파리를 흔들어주고 그리움에 지친 포도송이들의 눈물을 닦아주며 스치고 지나간다.

천진스럽게 웃지만 바람은 포도송이의 아픔을 가슴 아파한다. 포도송이들은 뜨거운 시련들을 영롱한 핏빛으로 은은하게 태워낸다. 사랑의 흔적들을 잊어버리려 자줏빛 포도주로 변해간다.

포도주가 탄식에 가까운 노래를 부른다. 그냥 받아들이고 아픔을 사랑하여야 한다. 핏빛을 흘리며 아무것도 바라지 않은 채 쓸쓸히 웃는다. 숨쉬고 사는 동안 가슴속에 불어오는 바람소리는 지워버릴 수 없는 영원이다.

밤부터 새벽까지 어둠 사이로 새어나오는 울음소리를 듣는다. 밤이 깊어가면서 애끓는 울음소리는 차라리 편안한 안식을 안겨준다. 늘 속으로 삭이면서 혼자 이를 악물며 참았던 아픔들이 토해내는 아주 낯익은 소리이다.

시커먼 어둠 사이로 먼 바다에서 희미한 불빛이 보인다. 포도주의 핏빛을 태워 올린 도도한 불빛이다. 바람은 벅찬 설렘에 바다를 가로질러 불어간다. 만남은 잠시뿐이었고 한순간 영원을 안고 희열에 떨며 또 다시 떠나간다.

우리 주변에서 와인의 수요가 빠르게 증가하고 있다. 어느 면에서는 새로운 문화적 충격이라 할 만하다. 격무를 감내하면서 오늘을 살아가는 이들이 한 잔의 와인을 나누면서 잠시 여유를 가져 보는 것도 삶의 작은 즐거움이라 할 것이다.

〈타임〉지는 건강에 좋은 10대 음식 중의 하나로 적포도주를 선정했다. 의학자들은 육류와 지방 섭취율 40%의 고지방 식사를 하는 프랑스인의 심장병 발생률이 미국의 3분의 1에 불과한 이유를 적포도주를 즐겨 마시는 식습관 때문이라고 보고 있다. 레드 와인의 기초는 타닌이어서 기본적으로 떫은맛을 보인다. 이 맛을 유순하고도 기분 좋은 타닌으로 바꾸기 위해 양조장에선 오크 통에서 일정기간 숙성과정을 거치게 한다.

왜 백포도주가 아니고 적포도주일까?

적포도주에서 발견되는 물질인 레스베라트롤(resveratrol)은 폴리페놀의 일종인

데, 세포 안에서 활성을 보이는 항노화 효소(sirtuins)를 자극한다고 알려져 있다. 이 레스베라트롤도 녹차의 카테킨과 같은 폴리페놀로 생각하면 된다. 활성화된 항노화 효소는 보통 세포를 사망에 이르게 하는 스트레스로부터 보호하여 세포의 수명을 연장시킨다.

적포도주는 알코올과 항산화제를 모두 가지고 있는 독특한 음료로서 이것이 바로 적포도주가 건강에 좋은 이유다. 알코올은 간에서 분해되면서 'NADH'란 물질을 만드는데, 이 물질은 상대를 환원시키는 작용이 있기 때문에 한번 사용된 항산화제가 다시 그 기능을 회복할 수 있도록 도와준다.

이 효과는 칼로리 제한에 의한 효과와 같은 메커니즘에 의한 것으로 설명된다. 하지만, 그런 효과를 내면서 과다한 칼로리 섭취와 알코올 중독을 피할 수 있는 양을 결정하기가 쉽지 않기 때문에, 적포도주를 많이 마시도록 권장하는 것은 어렵다.

적포도주와 심장병의 관계에 대한 연구보고서는 계속 발표되고 있는데, 적포도주에는 저밀도지단백(LDL) 콜레스테롤의 산화를 예방하는 효과가 있음이 증명되었다. 적포도주에 함유되어 있는 물질이 LDL이 산화되는 것을 막음으로써 동맥경화, 더 나아가 허혈성심장질환을 예방한다는 것이다.

대개 값비싼 포도주란 유명한 포도밭에서 나온 포도를 자기들만이 가지고 있는 독특한 방법으로 만들고, 포도주 감정가들이 맛이 좋다고 인정하는 것들이다. 따라서 부드러운 풍미나 고급스러운 맛 등의 차이일 뿐 효능과는 큰 상관이 없다. 레드 와인은 칠링(Chilling : 차게 하는 것)해서는 안 된다. 기분 좋게 마실 수 있는 적정한 온도는 상온(常溫), 즉 18℃~20℃이다.

소박한 밥상이 건강의 지름길

한국 사람만큼 섭생을 제일의 건강관리법으로 생각하는 민족은 많지 않다. 특히 요즘은 텔레비전에도 건강과 음식에 관한 프로그램이 점점 늘어나고 있고 농어촌 소개 코너에선 그 지역의 음식이 빠지지 않는다.

뉴스에서도 건강에 관한 새로운 상식이 빠르게 보도되고 파급된다. 담배를 피우는 사람들의 설자리는 갈수록 좁아지고 야채 위주의 깔끔한 식사와 우아하게 마시는 차 한 잔이 그 사람의 품위를 돋보이게 한다. 각종 야채와 과일, 마늘과 포도주, 녹차와 콩, 현미가 새로운 건강식품으로 자리를 잡았다.

휘황찬란한 우상들

건강보조식품의 소비 역시 증가 일로에 있고, 몸에 좋다면 거의 무엇이든지 먹는다. 그 대표적인 예가 녹용, 웅담, 곰 발바닥 등으로 세계 소비량의 80~90%가 한국 사람들에 의한 것으로 알려져 있다. 우리나라에서 건강식품은 분명히 과다 사용되고 있다. 한국 전체의 의약품 소비가 1년에 5조 원인 반면, 건강식품에는 10조 원이 사용된다는 통계가 이를 반증한다.

건강식품을 권하는 사람들은 구매자의 건강과 생활양식을 종합적으로 파악하기보다는 건강식품의 무조건적인 소비를 강권한다. 효능에 대해 부정적인 연구 결과가 많이 있어도 무시하고 계속 자신들의 주장을 고집하기 때문에, 의도적으로 속이거나 과장하고 있다는 비판을 피하기 어렵다. 유사 건강기능식품이 방판,

인터넷판매, 다단계판매, 홈쇼핑 등을 통해 유통되고 있으며, 상대적으로 고가이다. 그들은 사랑이 넘치는 건강한 사회로 인도해 줄 것처럼 큰소리를 치지만 세월이 흐른 뒤에 우리는 존재의 진실이 아니라 잠시 머물다 사라질 휘황찬란한 우상만이 우리를 열광케 했다는 걸 깨닫게 된다. 우리에게서 점점 사라져 가는 존재의 진실을 찾아보자.

가난의 미학

불과 20여 년 전에 비하면 현재 우리 생활수준은 무척 풍요롭다고 볼 수 있다. 넓은 아파트, 자가용, 수많은 가전제품, 마구 버려지는 음식물들, 호화 의류, 술집, 노래방들은 우리에게 낯익은 일상이 되어 있다.

기름진 음식 대신 잡곡밥에 채식이 오히려 사치스럽게 느껴진다.

자라면서 싫증날 만큼 먹었던 삶은 감자와 보리덩어리, 삶은 조개들은 지금은 먹을 수 없는 진짜 웰빙 영양식 아니었겠느냐는 성공한 사촌형의 얘기에 고개가 끄덕여지고 한 라디오 출연자의 가난한 어린 시절 이야기에 마냥 공감하게 된다.

그 시절 그의 어머니는 깊은 산 속에 있는 한 뼘 밭에 감자를 심고 가꾸었다. 그는 날마다 그 먼 길을 걸어서 갓난 동생을 등에 업고 밭에서 일하는 어머니에게 갔다. 배고픔에 지친 동생을 달래고 어머니의 품에 안겨 젖을 먹여 다시 업고 집으로 걸어왔지만 뿌듯한 마음에 다리 아픈 줄도 몰랐단다. 듣는 사람의 마음까지 촉촉하게 적셔주는 눈물겨운 추억담이었다. 너무나 뼈저린 가난이었지만 지금은 그리운 추억 속에서 어머니의 따뜻한 사랑을 더욱 소중하게 느끼며 살아간다고 한다. 어머니와 동생, 나와 가족이라는 사랑의 울타리 안에서 가난은 눈물과 가슴 뭉클함이 있는 순백의 아름다운 가난이었다.

지난 과거의 아픔들을 우리는 아련한 추억 속에서 더듬어 보기도 한다. 가난한 삶이 꼭 우리에게 비참함만은 아니었다. 가난 속에서 보낸 삶들이 결코 헛되지는 않았던 듯하다. 가난 속에도 넘치는 따뜻한 가족의 사랑이 있었기에.

존재의 진실은 소박한 식탁 위에

건강한 생활양식의 구성 요소에는 일반인들이 상식적으로 생각할 수 있는 것 이상의 특별한 것이 포함되어 있지 않다. 평범한 일상생활을 절제 있게 하는 것이야말로 건강한 생활양식의 실천인 것이다. 존재의 진실은 자연과의 합일된 생활 속에서 우리에게 당연한 것이고 철따라 내리는 비와 눈처럼 평범한 것이다. 우리가 일상에서 흔히 섭취하는 음식들이 가장 우수한 식품이다.

대한의사협회 산하 의료정책연구소는 한국식이 서양식은 물론 건강식으로 각광받고 있는 지중해식보다 성인병 예방 등에서 우수하다고 발표했다. 우리의 전통 식단이 바로 장수 식단이라는 것을 과학적으로 증명한 것이다. 전통식품이야말로 우리를 지켜온 따뜻한 사랑이었다.

한국식은 적절한 칼로리를 갖고 있는 것이 강점이다. 콜레스테롤과 포화지방산, 트랜스지방산이 적당히 함유돼 있고 불포화지방산이나 채소, 콩류, 엽산 등의 섭취도 많은 편이다. 반면 염장식품이나 염분이 지나치게 많고 칼슘과 철분 섭취는 절대 부족하다. 뜨거운 음료. 태운 음식, 알코올 섭취가 과도하며, 아침밥을 굶거나 외식을 너무 많이 하는 것도 개선돼야 할 사항으로 지적됐다.

우리가 평소 과다 섭취하는 것으로는 비타민C(권장량의 148%)와 소금(125%)이 꼽혔고, 칼슘(41%), 섬유질(75%), 철분(76%) 등은 권장량에 미달됐다. 밥 중

심의 한국식은 비만 예방에 도움이 되고 당뇨에도 좋으나 과도한 소금 섭취는 고혈압과 위암 등의 원인이 된다. 또 뜨거운 음식이나 음료는 후두암을 유발하기 때문에 식혀서 먹어야 한다. 쌀과 김치, 녹차 등은 각종 질병에 대한 면역력 강화에 도움이 된다. 외식은 가급적 피하는 것이 좋다.

한국을 찾은 필립 제임스 국제비만대책위원회(IOTF) 위원장은 "한국에서 비빔밥을 먹어보았는데, 한국은 전통적 식습관을 유지하고 미국식 식단이 침투하는 것을 막기 위해 모든 노력을 기울일 필요가 있다. 채소 위주의 한국식 식단이 다이어트에 그만"이라고 극찬했다.

우리 겨레가 대대로 먹어 왔던 식생활을 복원하는 일이야말로 우리 자신을 건강하게 지켜낼 수 있는 방법이다. 한국의 음식에서는 된장의 중요성을 절대 간과할 수 없다. 콩을 발효시켜 만든 된장은 한국 음식에서 거의 빠지지 않는 천연 조미료이다. 기본 반찬인 김치도 몸에 좋은 발효식품이다.

전통식품이 무병장수 명약

● 쇠고기보다 더 좋은 된장

된장에 대해서 살펴보자. 된장의 주재료는 콩이다. 노란 콩의 경우 단백질 41.3%, 지방 21.6%, 수분 9.2%, 섬유질 3.5%, 회분 5.8%, 칼슘, 인, 철분, 비타민B_1, B_2등 영양분이 골고루 들어 있다.

콩은 육류의 대안으로 일컬어질 정도로 단백질이 풍부하며 대부분의 식물성 단백질에 부족한 리신이 많이 들어 있다. 또 콩에는 천연 항암물질이 들어 있는데 콩 속의 이소플라본은 항암 기능과 함께 여성호르몬인 에스트로겐 역할도 한다.

콩에 많이 들어 있는 식물성 에스트로겐이 골다공증 예방 등 뼈 건강에 도움이 된다는 데는 학자들 간에 이견이 거의 없다. 미국심장협회는 콩을 즐겨 먹으면 건강에 해로운 콜레스테롤인 저밀도지단백(LDL)의 혈중(血中) 농도가 낮아지고 건강에 유익한 고밀도지단백(HDL)의 농도가 높아진다고 발표했다.

아무리 좋은 음식이라도 소화흡수율이 떨어지면 문제가 있다. 콩의 소화흡수율에 대한 비교를 보면 생콩이 55%, 삶은 콩이 65%인 데 비해 된장은 무려 85%에 이른다는 연구 결과가 있다. 된장의 우수성이 여기서도 증명이 된다.

● 잘 익은 김치, 유산균 음료보다 유산균 100배 더 많아

김치를 먹으면 풍부한 비타민과 무기질(칼슘, 인 등)을 섭취하고, 대장에서는 젖산균이 음식찌꺼기와 결합하여 체내에서만 합성되는 비타민K를 만들어 내기도 한다. 잘 익은 김치는 일반 유산균 음료보다 유산균이 100배나 더

많아서 외부에서 침입한 이
질균이나 장티푸스균을 막
아준다.
김치의 주요 부재료인 고춧
가루에 있는 '캡사이틴'이란
성분은 혈액 암세포의 성장
을 멈추게 한다고 한다.
콜레스테롤이 뭉쳐 있는 일
반 쥐에 비해 김치를 먹인 쥐들은 혈장이 매끄럽게 청소된 것이 발견되었
고, 간 속의 콜레스테롤과 중성지방이 38%까지 낮아졌다는 보고도 있다.
김치를 먹으면 변에 지방과 담즙이 많이 분비되는데 이 담즙은 콜레스테롤
을 몸 밖으로 배출한다.

● 과기부, 청국장·된장 건강유지 기능 밝힌다
녹차, 청국장, 고추장, 된장 등 우리나라 전통식품이 인체의 건강에 어떤 영
향을 미치는지에 대한 연구가 정부 차원에서 본격화된다.
과기부는 올해 정부예산 20억 원을 투입, 전통식품과 바이오 기능성식품 소
재의 질병발생 또는 건강유지에 관여하는 물질의 기능이나 발현, 신호전달
에 미치는 영향을 규명하고 대사관련 기능, 면역조절, 혈액순환 조절, 항산
화기능 등 건강유지 기능을 반영해 적정한 생물지표를 만들고 이에 기초한
효능평가 기술을 개발할 계획이라고 한다.
그동안 막연히 몸에 좋은 식품으로만 여겨졌던 녹차, 청국장, 고추장, 된장
등 우리나라 전통식품의 건강유지 기능이 드디어 과학적으로 입증될 기회
가 온 것 같다.

WellBeing Sense

4 녹차 다이어트 & 미용

칼로리 섭취 과다와 활동량 저하가 비만 원인 | 뱃살과의 전쟁, 술과 녹차
체중조절과 다이어트에 녹차는 필수 요소 | 다이어트 성공의 지름길
체중조절 관련 건강기능식품 | 녹차 다이어트
변비에도 효과 | 녹차, 피부노화 막는다

비만의 주원인, 영양 과다와 활동량 저하

WHO는 비만을 21세기 신종 전염병으로 규정하고 최근 다이어트 국제 가이드 라인을 발표하였다. 그리고 우리나라를 포함한 전세계가 비만과의 전쟁을 선포하고 다이어트 열풍에 휩싸여 있다. 현재 다이어트 관련 제품을 생산, 판매하고 있는 곳은 제약사를 비롯해 건강보조식품 업체와 각종 헬스기구 제조사들에 이르기까지 다양하다.

아름다움에 대한 인간의 본능을 자극하면서 시장 규모를 키워온 다이어트 산업은 이제 어떤 방법을 쓰든지 한 건 터뜨리기만 하면 많은 돈을 벌 수 있는 고부가가치 산업이 되어버렸다.

'젊은 뚱보' 많아졌다 – 20, 30代 3명 중 1명 비만

국민건강보험공단과 대한비만학회는 1992~2000년 건강검진을 받은 94만 6000명을 대상으로 실시한 비만 특성 조사 결과를 발표했다. 이번 조사에서는 20, 30대 청년 비만의 증가세가 두드러졌다.

비만 진단 기준인 체질량지수(BMI) 25 이상은 1992년 23.3%에서 2000년 35.9%로 증가했다. BMI는 체중(kg)을 키(m)의 제곱으로 나눈 값으로 25 이상이면 비만, 30 이상이면 고도비만으로 분류한다. BMI 25 이상이 20대의 경우 1992년에는 전체의 8.1%에 불과했지만 2000년에는 32.3%로 무려 3배나 급증했다. 30대 역시 1992년 18.8%에서 2000년 35.1%로 거의 2배로 늘어났다.

비만은 당뇨병 고혈압 심혈관계 질환 등 만성질환을 유발하는 가장 큰 원인이다. 청년 비만이 급증함에 따라 앞으로 만성질환자도 늘 것으로 보여 대책 마련이 시급한 실정이다. 청년 비만 증가의 가장 큰 원인은 서구식 식생활로 나타났다. 연령대별 열량과 지방의 섭취 현황을 분석한 결과 20, 30대일수록 열량과 지방 섭취량이 모두 높았다.

술 대신 차 마시는 친교 문화 확산돼야

건강에 해로운 생활양식이라는 것을 알면서도 그 사회가 추구하는 문화적 가치를 성취하려는 노력 때문에 개인 건강에 위협을 주게 된다. 그 결과로 질병에 이환되었을 경우, 이를 순전히 개인의 책임이라고만 하는 것이 과연 옳은가에 대해서는 의문의 여지가 있다.

흔한 예를 들어 보자. 우리 나라에서 술은 곧 인간관계에서의 '정'과 '친밀감'을 상징한다. 사업상 로비 또는 회사 친목을 위해 더불어 술을 마시다가 결국 간경변으로 사망했을 경우, 술을 조절하지 못한 개인만을 탓하는 것은 뭔가 잘못된 것이 아닐까?

개인의 자발적인 선택이란 것도 결국 개인이 속한 사회·경제적 조건에 제한을 받는 것이다. 더 많은 물질이나 더 높은 출세를 위하여 어쩔 수 없이 건강을 희생하는 행위를 하게 된다. 사회적 환경의 지배를 받는 개인이 선택하는 건강위험 행동은 어찌할 수 없는 선택일 수도 있다. 한국적 생활관습에서 술을 거부하는 것은 사회적으로 지장이 많을 수밖에 없다. 이러한 생활관습이 개인의 건강생활에 우월한 영향력을 행사한다면 건강에 대한 책임을 사회에 묻는 것이 더 옳을 것이다.

한국인 비만의 가장 큰 원인은 칼로리 섭취의 과다와 활동량 저하이다. 우리의 식단 자체가 주요 영양소를 골고루 포함할 수밖에 없는 구조이고, 많이 먹어도 칼로리가 많지 않은 식사이긴 하지만 외식과 간식은 많은 문제점을 드러내고 있다. 외식 중에서도 특히 문제가 되는 것이 음주를 같이 하는 우리의 회식 문화이다.

뱃살 빼기 10계명

대한비만체형학회에서 제시한 뱃살 빼기 10계명만 제대로 따라도 뱃살을 줄이는 데 성공할 수 있다.

1. 하루 세 끼를 규칙적으로.
2. 아침, 점심, 저녁의 식사량을 2대 3대 1로 맞춰라.
3. 적어도 잠자기 4시간 전에는 음식을 먹지 않는다.
4. 오이, 토마토 등 야채를 즐기자.
5. 음식의 간은 싱겁게, 튀김이나 볶음보다는
   찜, 조림이나 무침으로 섭취.
6. 공복시 물을 충분히 마시자.
7. 패스트푸드와 인스턴트 음식을 피하자.
8. 야식과 간식을 피하자.
9. 주 4~5일 하루 1시간 이내로 운동하라.
10. 스트레스 받을 때 운동으로 풀라.

WellBeing Sense

회식은 아무리 가볍게 해도 쉽게 3,000~4,000kcal에 이르고, 좀 먹었다 싶으면 6,000~7,000kcal가 된다.

건강을 결정하는 요인들 중에서 사회적 환경도 중요하다. 사실 보건의료체계가 질병의 예방과 건강 향상에 기여하는 바는 아주 미미하다. 이러한 사회 흐름에 힘입어 술을 마시는 사회적 관습에도 커다란 변화가 있어야 한다. 술 대신에 차를 마시며 친교를 나누는 문화가 확산되어야 한다.

제주 도순다원 전경

뱃살과의 전쟁, 술과 녹차

제가 '뱃살과의 전쟁'을 시작하게 된 계기는, 지난 10월초 딸에게 무심코 약속을 한 게 발단이 되었습니다.

"두고 보렴. 연말까지 반드시 10kg 이상을 빼겠어!"

큰소리친 만큼 나름대로 의욕적으로 수영을 시작하고, 책임감과 부담감을 갖기 위해 블로그에 공개까지 하면서 전의를 불태웠습니다. 그런 대로 12월 중순까지는 희망이 보였었습니다. 그런데….

물론 결과는 실패였습니다. 실패했다는 글을 올리려니 괜히 이런저런 핑계를 대면서 미적거리게 되었습니다. 역시 문제는 '술'이었습니다. 연말이라 술자리가 이어졌고 설상가상으로 가정에 불화도 있었습니다. 운동도 그만두고, 미련한 방법이지만 술로 잊어보려고 폭음의 연속이었습니다. 12월 30일 사우나에서 측정한 몸무게는 84.8Kg이었습니다. 그래도 한 7Kg 이상은 뺀 셈이네요.

연초부터 과음의 후유증을 겪고 있습니다. 체중도 다시 불고…. 어쨌든 정신적인 평정을 유지하고 자기절제를 얼마나 지속시키느냐가 관건임을 다시금 깨닫게 됩니다.

건강은 소중한 것입니다. 저처럼 충동과 감정에 무너지지 마시고 자기 자신을 소중히 하시길 바랍니다. 한순간에 허물기는 쉽지만 다시 그만큼 쌓기는 매우 어려운 일임을 모두 아실 것입니다. 여러분들도 저처럼 무리(?)하지 마시고 꾸준하게 몸매와 건강관리에 신경 쓰시면 좋겠네요.^^

－ 어느 인터넷 게시판에서 퍼옴 －

알코올은 1g당 7kcal의 높은 열량을 내지만 다른 영양소는 없으므로 체중 조절하는 동안에는 가능한 한 삼가는 것이 좋다. 술은 자체의 열량이 높은데다 열량이 많은 안주의 섭취를 동반하게 되고 주로 활동량이 적은 저녁 시간대에 많이 마시게 되므로 특별한 주의가 필요하다. 많은 사람들은 스트레스를 풀기 위해 술을 마신다고 한다. 하지만 지속적인 음주는 인체 내의 여러 장기에 무리를 가하게 되고 신체 저항력을 떨어뜨려 스트레스로 인한 악영향이 더 높아지게 된다. 특히 남편의 늦은 귀가로 주부들이 심한 스트레스나 우울증상을 겪을 수 있다.

그렇다면 스트레스로부터 우리의 건강을 어떻게 유지할 수 있을까. 가급적 술자리는 줄이는 것이 좋다. 조급한 마음을 떨치고, 가족과 함께 하는 시간을 많이 갖는 것이 본인은 물론 가족의 스트레스를 줄이는 방법이다.

술이 몸에 독이 되지 않는 적정선은 술의 종류에 맞는 잔으로 3~5잔이다. 이 정도면 약 50g의 알코올을 마시게 되는 셈인데 몸에 큰 무리를 주지 않는다. 천천히 마시는 것도 중요하다. 허기가 지면 당연히 모든 음식이 맛있게 느껴진다. 폭음에는 어떤 안전장치도 없다. 기름진 안주는 복부비만을 부를 뿐이다. 안주를

아무리 많이 먹어도 목으로 넘어간 알코올은 30분 안에 대부분 흡수된다. 짭짤한 안주는 피한다. 갈증을 일으켜 술을 더 많이 마시게 하기 때문이다. 기름기 적은 담백한 육류와 섬유질 많은 야채가 최고의 안주다.

뒤끝 없이 마시려면 한 종류의 술만을 고집하자. 술을 섞어 마시면 알코올이 다 분해된 후에도 한참 동안 머리가 지끈지끈 아프다. 빨리 술 깨는 데 특별한 비법은 없다. 시간이 지나면 자연히 알코올이 분해되는 것이다.

술을 많이 마실 경우 녹차를 함께 마시면 차에 함유된 여러 가지 성분에 의해 숙취가 해소되어 빨리 깨게 된다. 녹차 중에 들어 있는 카페인 성분이 이뇨작용을 촉진시키고 비타민C가 숙취의 원인물질인 아세트알데히드를 분해하기 때문이다. 아스파라긴산과 알라닌이라는 아미노산 성분이 알코올 분해 효소의 작용을 증가시켜 분해가 빨라지게 하는 것이다.

체중조절과 다이어트에 녹차는 필수 요소

한 사람의 체중은 그 사람의 삶 – 일상생활, 먹기, 마시기, 활동하기, 스트레스 등 –에 의해서 결정된다. 이 중 한 가지만을 일시적으로 변화시켜 살을 빼더라도 다른 요인이 그대로 있으면 다시 원래의 체중으로 되돌아간다. 직장인이 술과 회식을 계속한다면 단 1kg의 체중감량이 어렵고, 집안 살림을 하는 주부들이 일시적인 다이어트는 할 수 있지만 근본적인 식사 패턴을 바꾸지 못해 체중감량에 실패하는 경우가 많다.

왜 스트레스를 받으면 많이 먹게 될까?

스트레스 상태에서 분비되는 호르몬은 식욕을 증진시킨다. 그리고 우리가 무엇을 먹을 때 몸속에서 부교감 신경이 위에서 작용하면 몸도 마음도 편안한 상태가 된다. 부교감신경은 긴장, 불안을 완화시키는 작용을 하므로. 스트레스를 느낄 때 몸은 무의식적으로 스트레스를 완화시키기 위하여 계속 먹게 되는 것이다. 그러므로 먼저 스트레스를 풀어버리고 즐겁게 생활할 수 있다면 식욕을 억제할 수 있는 좋은 방법이 된다.

식사요법의 영양학

비만치료는 총에너지 섭취량이 가장 중요한 요인이다. 총에너지 섭취량은 적정체중을 달성하고 유지할 수 있는 수준으로 결정한다. 단백질을 우선적으로 배정하고 탄수화물과 지방으로 나머지를 배분한다.

따라서 생체 이용률이 높은 양질의 단백질 위주로 섭취하여야 하며 지방은 고칼로리원이므로 전체 지방 섭취량을 제한하여야 한다. 대체로 당질은 전체 열량의 55~60% 정도가 권장된다. 당질 섭취량을 줄이면 음식의 부피가 감소되므로, 평소 섭취량의 반 이상은 섭취하도록 한다.

비타민과 무기질은 1일 권장량을 충족시킬 수 있도록 공급되어야 한다. 따라서 1,200kcal 이하의 식사요법시 별도의 보충이 필요하다.

저열량 식사를 하는 경우 질소산물이 증가되므로 이를 배출하기 위해서는 충분한 양의 수분이 필요하다. 열량이 낮은 보리차, 결명자차, 녹차, 또는 생수가 바람직하며 탄산음료나 과즙음료의 경우 열량이 높으므로 제한한다.

체중조절을 위한 대체식

체중조절을 목적으로 시판되는 대부분의 식사대용식은 보통 1회 섭취량에 약 150kcal 정도 들어 있으므로 끼니를 적절히 배분하면 800~1200kcal 정도의 저열량 식사요법이 가능하다. 효과적인 체중감량을 위해서는 과식하는 경향이 높은 끼니를 식사대용식으로 대체하는 것이 좋다. 아침이나 점심 등 활동량이 많은 시점에 대용식을 사용하는 경우에는 다음 식사 때 과식 위험이 높으므로 주의가 필요하다.

또한 일시적인 사용 이후에는 요요현상이 기다리고 있으므로 궁극적인 식생활 개선을 위한 일시적인 방법으로 간주하는 것이 타당하다.

요요현상 막는 올바른 다이어트

단기간의 금식에 의한 체중감량은 지방의 감소가 아닌 체내 수분과 단백질의

분해에 의한 체중감소이므로 근육량 저하와 기초
대사량의 저하로 살이 금방 다시 찌는 요요현상의
악순환을 겪을 수도 있다. 요요현상을 막고 올바
르게 다이어트를 하기 위해서 얼마나 더 적게 먹
느냐보다 어떻게 먹느냐, 어떤 음식을 먹느냐가
더 중요하다.

올바른 식이 조절 방법을 살펴보자.

첫째, 기본적인 섭취 칼로리는 유지한다. 남자
는 하루에 1500kcal, 여자는 1200kcal 정도는 반
드시 섭취해야 한다. 둘째, 균형잡힌 식사 패턴을 유지시켜야 한다. 시중에서 흔
히 알려진 원푸드 다이어트(분유, 벌꿀, 포도 등)나 황제 다이어트(고기 다이어트)
등은 여러 가지 부작용 때문에 실패를 거듭하기 마련이다. 셋째, 올바른 식사 방
법으로 한꺼번에 몰아 먹는 폭식보다는 여러 번에 나눠서 소량씩 섭취하고 특히
저녁에 폭식을 하거나 과식을 하게 되면 더 살이 찌기 쉽다.

- 채소와 과일은 가능한 한 많이
- 포화지방은 적게, 불포화지방은 지금보다 조금 더 많이
- 혈당지수가 낮은 음식으로
- 술은 가급적 피하고
- 필요하다면 영양 보조제를 활용한다

- 비만 전문의 박용우 교수의 조언 -

쉬워 보이지만 실패를 부르는 유행 다이어트

하지만 다이어트의 성공은 어렵다. 실제로 다이어트의 성공률은 5%에 지나지 않는 것으로 나타났다. 여기서 성공이란 일시적으로 체중을 줄이는 것을 넘어 줄인 체중을 계속 유지하는 단계까지를 의미한다.

이렇게 말이 많고 새로운 방법이 계속 나온다는 것은, 역으로 그동안 어떤 방법도 절대적 위치를 유지하지 못했다는 의미와 같다. 특히 여러 유행 다이어트들은 접하기 쉽고 또 시행하기도 간편하므로 우리나라 여성들이라면 누구나 한 번쯤 시도해 보았을 것이다. 이런 유행 다이어트들은 잘못 하게 되면 체중감량에 실패하고, 뒤따라오는 요요현상으로 고민하게 되는 것은 물론이고 건강에 심각한 해를 끼쳐 두고두고 후회하게 되는 경우가 많다.

다이어트 성공의 지름길

When _ 언제 식사를 해야 하나?

항상 일정한 시간에 먹고, 절대로 식사를 거르지 않도록 하는 것이 중요하다. 지켜야 할 원칙들은 꼭 지키려고 노력하고, 지키지 못했다고 다이어트 자체를 포기하지는 말자. 야식을 금한다.

What _ 무엇을 먹어야 할지 두렵다

절대로 먹지 않겠다고 결심한 식품들을 차례대로 적은 후 냉장고 문 앞이나 눈에 잘 띄는 곳에다 붙여놓고 먹지 않도록 주의한다. 고지방 고칼로리 음식의 유혹을 멋있게 뿌리치자. 그런 후에 공복감은 신선한 과일과 야채로 해소하라.

Where _ 음식은 기필코 식탁에서만

음식은 기필코 식탁에서만 먹겠노라는 원칙을 세운다. 그리고 식사를 할 때에는 TV나 책을 보는 등 먹는 것 이외에 다른 행동을 하지 않는다. 혼자 있을 때 간식을 먹게 되는 경우가 많다면 식구나 친구 등 누군가와 함께 있도록 한다.

Why _ 난 왜 먹지?

배가 고프지 않을 때 먹고 싶은 유혹을 느낀다면 친구에게 전화걸기, 산책하기, 책읽기, 일하기, 집안 정리하기, 청소하기, 운동하기, 녹차나 물 마시기 등으로 그 순간을 참아서 잘 넘긴다. 생존을 위하여 먹는 것이 아니라면 스스로를 위해 욕구를 외면하자.

How _ 또 음식을 게걸스럽게 먹고 있는지?

급하게 식사를 하게 되면 너무 많은 칼로리를 섭취하게 된다. 천천히 먹고 오래 오래 씹자. 식사준비가 바로 되지 않으면 바쁠 때에는 계획한 식단대로 먹기가 어려우므로 장을 보고 난 후에 일정기간마다 조리하기 쉽게 식품손질을 해두는 것이 좋다.

Who _ 엄마, 또는 친구에게 도움 요청!

다른 사람들과 식사를 할 때 고열량의 메뉴를 권유받았을 때 다이어트를 하고 있음을 밝히거나 적절히 거절해서 억지로 음식을 먹지 않도록 한다. 친한 친구나 가족들에게 고지방식을 피할 수 있도록 협조를 구하여 규칙적인 식사 시간, 먹는 속도, 먹는 양을 체크 받도록 하자.

체중조절 관련 건강기능식품

체중조절과 관련된 건강기능식품의 판매가 최근 급증하고 있다. 손쉽게 체중 감량을 할 수 있으리라는 기대감에 누구나 한두 번은 복용을 해 보았으리라.

체중조절은 삶의 방식이 근본적으로 바뀌지 않으면 성공하고 유지하기가 매우 어렵다. 그렇지만 보조식품을 일시적으로 사용하는 것은 자아효율감 (Self-efficacy)을 높여 한 역할을 담당할 수 있다. 이러한 건강기능식품에 대해 안전성, 효능뿐만 아니라 가격 대비 효과에 대한 분석 등도 충분히 고려하여 이런 식품이나 제품을 올바로 이용할 수 있도록 해야 한다.

비만치료를 권하는 사람들은 그들에게 유리한 소수의 긍정적인 연구결과들만을 부풀려 인용한다. 그것은 그들이 일차적 기반을 상업적 목적에 두고 있음을 반증하는 것이다. 비만 치료 이용자는 날씬하고 아름다운 몸매로 가꾸고 싶다는 막연한 기대로 비용의 낭비와 엉뚱한 위험까지 감수해야 한다. 효과가 불확실한 만큼 부작용에 대한 안전도 아직 불확실하기 때문이다.

체중감소도 좋지만 자신이 복용하는 약물이 무엇인지는 알고 복용하는 것이 옳지 않을까? 비만치료제는 대부분 안전하지 않다. 팩에 들어 있는 한약제도 안심하고 장기 복용할 수 없다. 지금 분명한 것은, '확실한 비만 치료란 없다'는 것이다.

마황/에페드라(Ma Huang/Ephedra)

한약제에 주로 들어 있는 마황은 조심스럽게 복용해야 할 약물이다. 마황 (Ephedra sinica)은 에페드라가 함유된 약용식물로 에페드린과 유사한 작용을 나타낸다. 에페드린은 맥박, 혈압을 높이고, α1-, β1-, β2- 아드레날린 수용체를 자극하여 24시간 에너지 소모를 증가시킨다. 에페드린의 열생성 효과(thermogenic effect)는 카페인을 병합하였을 때 더욱 증가하는 것으로 알려져 있다.

체중감량 효과를 보기 위한 에페드린/카페인 병합요법의 현재까지 임상시험 결과를 메타분석한 자료에 의하면 월 1kg의 속도로 4개월 후 초기체중의 약 11% 감량 효과가 있는 것으로 나타났다.

그러나 문제는 안전성이다. 에페드라는 그동안 수많은 부작용 사례들이 보고되어 왔다. 미 식품의약청(FDA)에 보고된 에페드라 관련 부작용 140 사례를 정리한 자료에 의하면 혈압 상승, 심계항진, 빈맥, 뇌졸중, 간질 등이 보고되었다. 더욱이 10건의 사망과 13건의 영구적 손상도 있었다.

2001년 6월, 캐나다 보건부는 체중감소, 바디빌딩 혹은 활력증가를 목적으로, 마황과 카페인 혹은 다른 흥분성 물질을 혼합해서 사용하지 말라고 권고했다. 그러한 결정은 이 제품들이 중풍, 심장마비, 부정맥, 발작, 정신병 및 사망을 초래할 수 있다고 결론지은 후 내려진 것이다. 심장병, 고혈압 및 당뇨병 환자들은 특히 위험하다.

국내에서는 에페드라가 의약품으로 규정돼 있어 건강기능식품에 첨가할 수 없게 되어 있다. 현재 국내에는 슈가펜이란 약물이 일반의약품으로 나와 있다. EC 병합요법은 비만치료제로 FDA 승인은 얻지 못했고, 교감신경계의 부작용 우려 때문에 의사의 감시하에 조심스럽게 처방을 받아야 한다.

녹차 추출물(Green Tea Extract)

미 뉴저지 주립대의 양청 박사는 "녹차가 지방분해 효소의 활성을 억제해 지방

이 체내로 흡수되는 것을 줄이고 열 발생을 증가시켜 지방을 에너지원으로 소모시킨다"고 말했다. 녹차에 있는 폴리페놀은 카테킨(catechin)으로 마른 녹차잎 무게의 30~50%를 차지한다. 이 가운데 EGCG가 가장 많이 들어 있다. 폴리페놀은 신경말단에서 분비되는 노르에피네프린을 분해시키는 COMT(catechol-O-methyl transferase)의 작용을 억제함으로써 cAMP를 증가시키고 열생성(thermogenesis)을 촉진한다.

임상 시험은 대조군 없이 70명의 성인 비만환자에게 12주간 녹차추출물(GTE AR25, ExoliseR)을 투여하였을 때 평균 체중이 4.6% 감량되었다는 보고가 있다.

국내에서는 엑소리제, 리드미가 일반의약품으로 판매되고 있으며 2캡슐을 아침과 저녁에 복용한다. 현재까지 안전성과 관련된 장기 연구가 없으나, 녹차는 이미 4000년 이상 사용되어 온 음료로서 특별한 부작용은 없을 것으로 생각된다. 그러나 임산부, 수유부는 금기이며, 혈소판 응집을 저해할 수 있어 수술 전에는 섭취하지 않도록 주의한다.

녹차 다이어트

작년 6월 일본 신문들은 '요즘 샐러리맨들은 33세부터 비만을 자각하고 있지만 이 가운데 절반은 전혀 대책을 세워 놓지 않고 있다'는 기사를 연일 게재했다. 일본 사회에 이 같은 문제를 제기한 곳은 일본의 식음료 및 화장품 회사 가오(花王). 이 회사는 당시 '샐러리맨의 건강 및 비만 의식조사'를 발표했다. 이 자료는 언론의 큰 관심을 끌었고 이후 가오의 상품인 '헬시아녹차' 붐을 만든 계기가 됐다.

일본 식품업계에서는 매출액이 100억 엔(약 1050억 원)을 넘기면 히트 상품으로 보고 있다. 헬시아 녹차는 올해 2005년 400억 엔의 매출을 내다보고 있다.

가오가 발표한 자료에서 헬시아녹차라는 상품명은 전혀 찾아볼 수 없다. 하지만 30대의 비만 문제가 사회적 이슈가 되면서 '체지방이 걱정되는 분에게'라는 명확한 메시지를 전달해 온 헬시아녹차에 매우 유리한 환경이 조성된 셈이다.

다이어트(diet)의 어원은 라틴어 'diaeta'와 그리스어 'diaita'에서 기원하였다고 한다. 'way of life'이라는 뜻을 가지고 있는 단어로서, '적절한 음식 섭취를 통해서 조화로운 신체의 발달을 도모하는 생활 방식'이라고 할 수 있겠다. 일시적인 도구가 아닌, 평생을 지속해 나가는 '생활 방식'을 이야기한다.

녹차 다이어트가 무엇보다 좋은 건 계속해도 부작용이 없다는 점이고 요요현상이 없다는 점이다. 단기간에 얼마를 뺐느냐가 중요한 것이 아니라 얼마나 유지하냐가 더 중요한 것이다.

6개월 이상 꾸준히 녹차를 마셔야 효과가 나타나므로 물 대신 녹차를 마신다는 생각으로 수시로 마신다. 녹차의 비만방지 효과는 카테킨과 카페인의 약효 때문이다. 특히 처음 우려낸 녹차에 카테킨이 많이 들어 있다.

또한 뜨거운 물에 오래 우려낼수록 농도가 높아진다. 효능을 생각한다면 두 번까지가 한도이다. 다이어트를 위한 녹차는 조금 뜨거운 물에 진하게 우려내어 하루 4~5번 마신다. 그리고 만 원 정도의 저렴한 녹차를 사용하여도 다이어트 효과는 차이가 없다.

가루녹차를 이용할 경우에는 따뜻한 물에 가루녹차 1큰술을 넣은 후 거품기로 저어 거품이 일면 마신다. 또한 가루녹차를 우유, 요구르트, 육류, 라면 등 음식에 넣어 함께 먹으면 녹차의 떫은맛은 없어지면서 깔끔하고 담백한 요리가 된다.

녹차 다이어트의 장점

1. 칼로리가 거의 없는 무당 음료
   녹차 한 잔은 1kcal로 칼로리가 거의 없는 무당 음료다.
2. 지방축적을 막고, 지방을 연소시킨다
   카테킨 성분이 중성지방과 콜레스테롤을 체외로 배출시켜 날씬한 몸매로 만들어준다. 녹차는 갈증이 해소될 뿐 아니라 지방의 연소를 도와준다.
3. 녹차는 성인병을 예방한다
   녹차를 날마다 마심으로써 고혈압, 암 등을 예방하여 건강을 향상시킨다.
4. 체중감소로 인한 피부노화를 막는다
   녹차는 레몬보다 5~6배나 많은 비타민C를 함유하고 있기 때문에 피부를 윤기 있고 건강하게 가꾸어 준다.
5. 부작용 No
   녹차 다이어트는 굶으면서 하는 것이 아니기 때문에 빈혈이나 영양실조, 탈모, 저항력 약화 등의 부작용이 없다.
6. 스트레스 완화로 폭식 폭음에 효과적
   비만도 정신적 스트레스에서 오는 경우가 많으므로 녹차가 스트레스를 완화시켜 폭식 폭음을 예방하는 데에도 효과적일 수 있다.

식이요법과 운동을 병행하여 6개월 이상 꾸준히 마신다. 녹차를 마시면서 식이요법과 운동을 함께 하면 체중감량에 성공할 수 있다.
녹차 다이어트를 할 때 운동 전후에 마시면 지방축적을 억제하는 동시에 지방연소를 도와주기 때문에 더욱 효과가 높다.

유산소운동과 근력운동, 스트레칭, 체조를 적절히 해야 한다.

● 다이어트할 때 운동의 효과
  - 근육과 뼈의 감소를 막는다.
  - 기초대사를 높여 요요현상을 막는다.
  - 에너지를 소비하여 지방을 연소한다.
  - 스트레스 해소에 도움이 되고 자신감이 생긴다.

변비에도 효과

젊은 여성은 살빼기 다이어트를 하다가 변비 환자가 되기 쉽다. 섭취하는 식사량이 적으면 노폐물도 적다. 따라서 장기간 직장에 변이 쌓이고, 그 결과 대장에 수분을 뺏겨 변이 딱딱해지면서 만성변비가 된다. 일반적으로 변비는 수분 섭취 부족, 불규칙한 배변습관, 노화, 운동 부족 때문에 온다.

여성이 변비에 걸릴 확률은 남성보다 3~4배가 높다. 이는 여성의 성호르몬 가운데 황체호르몬이라는 물질이 대장의 연동운동을 억제하기 때문이다.

변비에 걸리면 아랫배가 무거운 것은 물론 얼굴이 붓고 뾰루지도 생겨 스트레스가 이만저만이 아니다. 그러나 변비가 있다고 해서 무조건 변비약을 복용하다가는 낭패를 당하기 쉽다. 특히 변비약은 한번 복용하기 시작하면 장기간 먹어야 하기 때문에 장의 연동운동을 약화시키는 경우가 많다. 따라서 변비약의 복용량을 줄이고 식이요법이나 운동요법으로 전환하는 것이 바람직하다. 섬유소가 듬뿍 든 녹차를 마시는 것도 변비에 좋은 방법이다.

녹차의 섬유소가 혈관과 대장에 덕지덕지 붙은 노폐물을 수세미로 문지르듯 깨끗하게 제거해준다. 또한 대변 양을 늘리고 음식의 장내 체류시간을 감소시켜 변비를 완화한다. 체내에 흡수된 농약과 각종 유해 첨가물들도 배출시킨다.

요구르트에도 살아 있는 젖산균이 다량

으로 함유되어 있어 변비에 효과적이다. 장내의 유해균을 없애주는 동시에 몸에 이로운 균의 생성을 도와준다. 아침에 일어나 요구르트에 가루녹차를 타서 꾸준히 마시면 비만과 변비에 효과적이다.

녹차에는 섬유소가 풍부하다

녹차에는 섬유소가 풍부하게 들어 있다. 섬유소란 식물의 줄기와 잎을 구성하는 질긴 성분이다. 섬유소는 영양학적으로 거의 완벽한 백지 상태다. 그러나 섬유소는 건강을 위해 필수적인 존재다. 현대 의학이 밝혀낸 섬유소의 역할은 화려하다.

섬유질은 포만감을 유발하며, 음식 중 당분과 지방의 흡수 속도를 줄여준다. 혈당이 천천히 올라가므로 췌장의 부담을 줄여주고 인슐린 과잉분비로 인한 당뇨와 동맥경화, 비만을 막는다.

곡류에서 나오는 식이섬유소가 대장암의 위험도를 낮출 것이라는 가설은 학계에서는 오래된 통설. 유방암, 폐암, 위암, 방광암 등도 야채나 과일의 섭취로 예방할 수 있는 것으로 알려졌다.

한국영양학회 등 조사에 따르면 한국 성인의 하루 평균 섬유소 섭취량은 17~20g 정도. 섬유소는 하루 30g 정도씩 먹는 것이 좋다. 야채 위주의 식단과 콩, 현미를 넣은 잡곡밥을 꾸준히 먹으면 도움이 된다.

섬유소엔 반드시 물이 필요하다. 물의 흡착성이 높기 때문에 복용시 충분한 물을 함께 섭취하는 것이 복부 불쾌감 및 팽창, 가스 등의 부작용을 줄일 수 있다. 녹차를 마시면 풍부한 섬유소로 변비가 없어지고 정장작용으로 면역력도 증가한다.

가루녹차를 맛있게!

● 녹차 요구르트

요구르트 다이어트법은 숙변을 제거할 뿐 아니라 다이어트에 효과적이어서 자칫 과도한 다이어트로 생길 수 있는 영양실조의 위험에서 벗어날 수 있다. 오후 4시 이후 먹는 간식은 다이어트의 적이다. 하지만 출출함을 참을 수 없다면 저지방 우유나 플레인 요구르트에 가루차를 넣어 먹으면 좋다. 포만감을 느낄 수 있고, 열량섭취도 적으며 배변 효과도 뛰어나 다목적 효과를 기대할 수 있다.

● 녹차두유

하루 한 번 정도 밥 대신 두유 200ml짜리 1½개에 녹차가루 3~4작은술을 섞어 마신다. 콩으로 만든 두유에 녹차가루를 섞어 마시는 두유 다이어트는 하루 섭취 열량을 1000kcal 내외로 줄이면서도 조금도 배가 고프지 않다. 풍부한 단백질과 미네랄로 부작용이 생길 염려도 없으며 녹차가루가 비타민A와 C를 보충해주어 좋다.

녹차 콩 미숫가루 다이어트

• 준비할 재료 : 검은콩가루 3kg, 검은깨가루 1.5kg, 가루녹차 100g
• 만드는 법 : 검은콩은 껍질을 벗겨 볶은 것을 가루 내어 사용하고, 검은깨 역시 볶아서 갈아주면 된다. 여기에 가루녹차 100g을 넣어 잘 섞는다. 볶은 콩가루와 깨가루는 농협이나 선식 재료를 파는 곳에 가면 구입할 수 있다.

- 실시 방법 : 녹차 콩 미숫가루 200g 정도를 우유에 타서 저녁식사 대신 3
  주 이상 먹는다. 우유 양은 충분히 본인이 정한다. 많이 마시려면 저지방
  우유가 좋다. 아침과 점심은 평소와 같이 또는 80% 정도 먹으면 된다. 검
  정콩, 깨와 칼슘이 풍부한 우유의 영양은 거의 만점이다. 여기에 녹차의
  체중감량 효과가 나타나 다이어트에 그만이다. 기존의 선식다이어트 제
  품보다 효과도 좋고 비용도 훨씬 싸다.

녹차 콩 미숫가루 다이어트에서 주의할 점은 절대 군것질을 해서는 안 된다.
미숫가루에 콩가루와 깨 가루 등 영양가가 풍부한 재료가 들어가기 때문에 군
것질까지 하면 오히려 체중이 늘어날 수 있다.

다이어트 간식 녹차한과 만들기 ※자료제공 : 여수전통한과 차성업

● 쌀 강정
- 말린 밥알을 고온의 기름에 튀겨 내 버무려 만든 한과로서 부풀어진 밥알
  에 엿과 함께 땅콩과 여러 가지 천연색소를 이용하여 만들어져 색과 맛이
  아주 좋은 한과이다.
- 재　료 : 흰쌀 말린 것1kg, 물엿300mg, 설탕100g, 땅콩250g, 대추, 밤,
  녹차분말
- 만드는 법
  1. 충분히 불린 쌀을 죽 쓰듯이 익혀서 2~3번 찬물로 씻은 뒤 소금물에
     담가 두었다 건진다.
  2. 잘 건조시킨 밥알을 200℃ 고열에 튀겨 낸 뒤 기름을 뺀다.
  3. 설탕과 물엿을 1:1로 끓이면서 녹차를 넣고

4. 땅콩과 2를 넣고 버무려서

5. 4를 도마 위의 성형틀에 붓고 방망이로 살짝 밀어낸 뒤 고명을 얹어 다시 방망이로 밀어 3~7cm 간격으로 썬다.

● 녹차들깨 호두말이

• 들깨를 엿에 버무려 밀어서 굳혀 만든 깨강정은 보관하기가 쉬워서 오래 두고 먹을 수 있는 한과다. 고소한 맛이 배어 나오는 깨엿강정에 정성을 담은 손끝 솜씨로 수놓아 화려하면서도 고급스럽게 장식한다.

• 재 료: 흰깨500g(검정깨, 들깨), 설탕250g, 물엿250g, 참기름1ts, 고명(대추, 밤, 석이버섯), 녹차, 호두

• 만드는 법

1. 들깨를 깨끗이 씻어 조리로 건져내어 살짝 볶는다.

2. 냄비에 물엿과 설탕을 1:1로 넣고 볶다가 기포가 생길 때까지 끓인다.

3. 2에 깨를 넣어 잘 저어 준다.

4. 3을 얇게 펴고 호두를 넣고 만다.

5. 알맞은 크기로 썬다.

녹차 한 잔 하실까요

녹차, 피부노화 막는다

녹차가 피부노화 억제에도 효과가 있는 것으로 나타났다.

서울대병원 피부과 정진호·은희철 교수팀은 70대 남자 노인 5명의 엉덩이에 항산화 물질인 '이지시지' 등 녹차 추출물을 주 3회씩 6주 동안 바른 결과 임상시험 전 평균 0.1㎜였던 엉덩이 표피 두께가 젊은 사람의 피부처럼 0.17㎜로 두껍게 재생됐다고 밝혔다. 또 20대 남자 6명의 엉덩이에 녹차 추출물을 이틀 동안 바른 뒤 자외선을 쪼이고 이틀 뒤 표피 조직의 일부를 떼어내 현미경으로 관찰한 경우에는 표피 세포가 죽지 않고 그대로 살아 있는 것으로 나타났다.

정진호 교수는 "녹차 추출물이 피부 노화 및 암세포 증식을 억제하는 효과를 보이는 것은 녹차 추출물이 정상세포의 성장을 촉진하는 단백질인 ERK, AKT, Bcl-2의 발현을 증가시키기 때문"이라고 말했다.

주름 없고 탱탱한 피부의 영원한 파트너

항상 젊음과 아름다움을 간직하려는 욕망은 여성뿐만 아니라 인류의 염원이기도 하다. 특히 생기 있고 윤택한 피부는 사람을 더욱 아름답게 보이게 한다. 여성 피부 웰빙도 건강한 아름다움에 그 초점이 맞춰지고 있다. 물론 건강한 피부의 최고 조건은 주름이 없고 '탱탱함'을 유지하는 탄력적인 피부일 것이다.

젊고 흰 피부, 그리고 윤택이 있고 주름이 없어야 아름다운 피부라고 할 수 있다. 그러나 피부 조직은 여러 가지 환경 요인에 의하여 노화와 손상을 받아 기미나 주름이 생기게 되므로 영원한 아름다움을 간직할 수 없게 된다.

인체의 피부는 세포막의 파괴에 관여하는 활성산소와 유기 자유 라디칼에 의한 장해를 받기 쉬운 장기 중의 하나이다. 왜냐하면 피부는 항상 산소, 태양광선, 세균과 공해 물질에 노출되어 있기 때문이다.

특히 자외선에 의한 피부 세포의 손상 원인은 활성 산소 중 가장 반응성이 큰 일중향 산소로서 이는 태양광선 노출시 피부에 생성되어 피부 단백질의 변성과 지질의 과산화를 통해 피부염이나 광반응을 일으킬 수 있다.

피부가 노화되면 기미나 주근깨가 생기고 거무스름한 색깔을 띠게 된다. 주름도 늘어난다. 주름은 노화로 인해 표피가 얇아지고 피부 속의 탄력섬유와 콜라겐 섬유가 파괴되거나 줄어들면서 피부탄력과 신축성이 감소될 때 생긴다.

따라서 피부 주름을 막으려면

첫째 외출할 때 자외선 차단제를 바르는 습관을 들여야 한다. 햇빛은 우리 피부에서 주름을 만드는 주범으로 지적된다.

둘째, 노화방지에 도움이 되는 음식들을 섭취하는 것이 좋다. 토마토는 피부 건강을 유지하는 데 더없이 좋은 식품이다. 또한 적포도주와 녹차를 마시는 것도 노화방지와 피부미용을 위해 좋은 방법으로 권장된다.

셋째, 사회 활동에 지장을 받을 정도로 주름이 많을 경우엔 전문가와 상담해 자신의 피부 상태에 맞는 주름제거시술을 받아 보는 것도 한 방법이다.

피부 노화 방지하는 카테킨, 비타민 A와 C 풍부

세포막 보호 실험에서 녹차에 들어 있는 카테킨류 성분이 세포막 파괴현상을 효과적으로 억제한다는 사실이 밝혀졌다. 실험 결과 적혈구 세포에 활성산소를 일정 조건에서 인위적으로 발생시켰을 때 보통의 적혈구 세포는 1시간 뒤에는 거의 전부 파괴된 반면 미량의 녹차 플라보노이드(EGGG)를 미리 첨가한 적혈구는 1시간 뒤에도 98% 이상의 세포막이 파괴되지 않은 채로 온전하게 보정되었다고 한다. 화장품에는 주로 녹차의 수용성 추출액을 화장수나 크림 등에 첨가하고 있는데 주로 자외선에 의한 광용혈작용의 억제, 수렴작용, 항산화작용, 소취작용, 항균작용과 염증의 예방효과가 있다. 이러한 효과를 나타내는 주성분은 에피갈로카테킨(EGG) 등의 카테킨 성분이다.

피부를 윤택하게 유지시켜 주는 비타민 A

비타민 A에는 피부 세포나 점막 세포를 건강한 상태로 유지시키는 작용이 있다. 녹차 중에 풍부하게 함유 되어 있는 카로틴 성분은 지용성으로 마시는 가루 녹차나 식품에 차가루를 첨가하여 섭취할 경우 윤택한 피부를 유지할 수 있다.

피부를 희게 유지시켜 주는 비타민 C

또한 비타민 C는 멜라닌 색소의 침착을 방지하고 기미나 주근깨의 형성을 억제해 피부를 하얗게 유지하는 작용을 한다. 특히 자외선이 많은 계절에는 비타민 C를 충분히 섭취하지 않으면 안 된다. 비타민 C의 보고라 할 수 있는 녹차는 레몬에 비해 5~8배나 많은 비타민 C를 함유하고 있다. 하루에 여러 잔의 녹차를 마시면 1일 필요량의 상당량을 보충할 수 있다.

녹차로 피부 관리를!

1. 녹차 세안

먼저 화장을 잘 지운 뒤 반 컵 정도의 녹차를 세면대에 부어 물을 얼굴에 끼
얹어가며 가볍게 두들겨 준다. 이렇게만 해줘도 기미나 주근깨가 줄어들고
피부가 뽀얗게 되는 것을 느낄 수 있다. 특히 아침에 일어나 찬 녹차로 얼굴
을 두드려주면 부기가 가라앉는다.

2. 녹차 팩

세안을 한 뒤 화장솜에 녹차를 듬뿍 묻혀 얼굴에 얹고 팩을 한다.
약 5분 동안 두었다가 솜을 떼어내고 얼굴을 찬물로 가볍게 헹군다. 잠자기
전에 하는 것이 좋은데, 기미나 주근깨가 심한 부위라면 부분적으로라도 자
주 해준다.

3. 부은 눈 가라앉히기

녹차를 우려내고 남은 찻잎을 버리지 말고 냉동실에 보관한다. 그리고 눈이
부은 날 아침에 냉동실에 두었던 찻잎을 그대로 꺼내 눈 위에 얹어둔다. 5
~10분 동안 그대로 두면 눈의 부기가 쉽게 가라앉는다.

4. 녹차 목욕

녹차는 피부에 수렴작용과 염증예방작용을 하기
때문에 입욕제로 이용하면 냉증이 있는 사람에게
아주 효과적이다. 그뿐만 아니라 녹차 특유의 그

▲녹차비누, 녹차입욕제

욱한 향은 몸의 기분 나쁜 체취를 없애주고 피로를 풀어주며 마음을 안정시켜 준다.

작은 목면자루에 찻잎을 넣어서 묶은 다음 목욕할 때 욕조에 넣거나 헝겊주머니나 스타킹 등에 넣어 묶은 다음 욕조 물에 우려내면 된다. 이 물에 15분 정도 몸을 담그고 있으면 혈액순환이 좋아지며 피부가 부드러워지고 노폐물이 배출되어 맑고 투명한 피부로 가꿔준다.

5. 비듬 방지

머리를 감고 나서 미리 우려 놓은 녹차에 머리카락을 헹구어내면 찻잎 속에 들어있는 타닌산과 플라보노이드 성분이 모공을 죄어주고 깨끗이 해준다. 특히 찻잎을 우려낸 물로 머리를 헹구면 머릿결이 부드러워지고 윤기가 나며 비듬도 줄어든다.

6. 여드름 완화

녹차 끓인 물에 수건을 적셔 얼굴을 닦는다. 스팀타월은 피부의 노폐물을 쉽게 제거하도록 도와준다. 먹고 남은 녹차를 끓여 물을 우려낸 다음 그 증기를 쐬거나 녹차에 적신 미용티슈

▲녹차손수건

를 얼굴에 얹었다 떼어내면 녹차의 살균작용으로 여드름의 화농현상이 진정된다. 보다 빠른 효과를 기대하려면, 녹차가루를 이용하면 좋다. 가루녹차를 요구르트에 섞어 팩을 하면 피부가 부드러워지는 것을 금방 느낄 수 있다.

녹차로 냄새도 제거!

● 퀴퀴한 집안 냄새 녹차로 제거
  마시고 난 녹차를 이용해 집 안 곳곳에서 나는 냄새를 없앨 수 있다.

● 환기와 식물이 기본
  하루 최소한 두 번 정도는 환기를 시킨다. 이때 집안의 모든 문을
  열어 공기가 순환되도록 한다. 또 집안 곳곳에 식물을 키우자. 식물
  은 산소를 내뿜고 이산화탄소 등 오염 물질을 흡수하는 능력이 있
  다. 허브 화분은 향긋한 냄새까지 선사해준다.
  새로 장만한 가구의 냄새가 거슬린다면 찻잎을 담근 물에 걸레를
  빨아 가구를 닦은 후 마른 걸레로 다시 닦아준다.

● 부엌의 음식 냄새
  가끔 찻잎을 프라이팬에 볶는다. 은은한 향기가 퍼져 상쾌해진다.
  싱크대 배수구에서 냄새가 날 때는 쓰던 비누 한 조각이나 녹차 티
  백을 넣어둔다. 초를 태워도 효과가 있다. 초가 주변의 냄새 입자를
  같이 태우기 때문. 향이 강하고 좋은 허브를 부엌 창가에 놓고 키워
  도 좋다.

● 화장실, 쓰레기통
  욕실 배수구에서 역한 냄새가 날 때는 거름망을 깨끗이 씻은 뒤 식
  초와 물을 같이 배수구로 흘려보낸다. 쓰레기통에서 냄새가 날 때
  는 뚜껑에 녹차 티백이나 커피 찌꺼기를 거즈에 싸서 붙여두자.

5 녹차산업 :

차나무와 찻잎

차나무(Camellia sinensis O. Kuntze)는 동백나무과에 속하는 아열대성 상록식물로 잎은 품종과 착생 위치에 따라 변이가 크다. 어린 잎의 뒷면에는 고운 털이 나며, 색깔은 녹색, 황색, 홍색, 자색 등 품종에 따라 다르다.

꽃은 새순의 끝 또는 잎겨드랑이에 1~3개가 붙어 8월 하순부터 12월까지 피고, 꽃잎은 6~8쪽으로 흰색 또는 담홍색이다. 차나무 품종은 대개 중국 대엽종, 인도 대엽종, 그리고 중국 소엽종으로 분류되는데 우리나라에서 자생하고 있는 차나무는 잎이 적고 엽육이 두꺼운 중국 소엽종이 대부분을 차지하고 있다.

기원지는 미얀마의 이라와디 강 원류지대로 추정되며 그 지역으로부터 중국의 남동부, 인도차이나, 아삼 지역으로 전파되었다. 중국계는 온대, 아삼계는 열대를 대표하는 것으로 동남아시아의 주요 생산지에서 열대나 아열대 나라에 보급

되어 19세기의 중요 산업이 되었다.

  2000년 세계의 차엽 총생산량은 299만 톤이다. 이 가운데 인도가 75만 톤으로 세계 총생산량의 25%를 차지하고 있으며, 중국은 72만 톤으로 24.1%, 한국은 1.6천 톤으로 0.1%를 차지하고 있다. 소비량은 홍차가 영국, 미국, 폴란드 순으로 계속 증가하는 추세이고 녹차는 중국, 일본 순이다.

  우리 나라에서 본격적으로 차를 재배하기 시작한 것은 1927년부터이며, 중국의 소엽종을 개량한 일본산 야부키타(藪北 수북)종을 이식하였다. 1969년 농특사업으로 전남 보성지역에 103개 농가가 470ha의 다원을 조성하여 녹차생산을 시작하였으나 수요가 없어 폐농이 속출하였다.

  그러다가 1980년 (주)태평양이 제주도와 전남 강진에 대규모 다원을 조성하면서

생산량이 급속히 증가하기 시작하였다. 이제 녹차는 농가의 주요한 소득원이 되었다. 녹차 소비량은 해마다 늘어나 지금 우리는 매년 1인당 80g의 차를 마신다.

현재 찻잎을 생산하는 지역은 제주도, 전남 보성, 강진, 순천, 경남의 하동 등이다. 재배지는 대체로 기후가 온화하며 비가 많고 배수가 잘 되는 대지나 구릉지가 적합하며 토양은 부식이 잘 되는 식토(息土)나 모래 섞인 땅이 좋고, 표토가 깊고 양분이 풍부하여야 한다.

차가 생육하는 온도 한계는 연평균기온 12.5℃ 안팎이지만 생육을 제한하는 것은 최저온도로서 추위에 강한 품종이라도 −15℃가 1시간 정도 계속되면 고사(枯死)한다.

우리 생활에서 차의 개념은 애매모호하다. 따끈하게 마시는 것을 모두 차라고 부르는데 진정한 의미의 전통차(茶)라는 것은 차나무에서 얻은 연한 잎이나 순을 채취하여 덖거나 찌거나 발효시키는 등의 손질을 거친 찻잎과 찻가루, 차 덩어리

를 끓인 물에 알맞게 우려낸 것이다.

추운 겨울을 이기고 따뜻한 봄이 돌아와 화사한 봄꽃들의 향연이 끝나는 5월이면 눈부신 신록의 남녘 차밭은 찻잎을 따는 손길로 분주해진다. 이제 막 피어난 찻잎은 예부터 '작설'이라 하여 많은 사랑을 받았다. 참새의 혀와 같은 모양의 잎을 따서 만든 차를 작설차라 하여 우리나라 최고의 차로 품평했다.

이 잎봉우리에는 봄에 새로운 싹을 틔우기 위한 영양분이 풍부하게 들어 있어 차맛이 훌륭하다. 옛 선인들은 자연이 던져주는 풍류를 즐기며, 작은 녹차 잎의 맛과 멋과 빛과 향내까지도 세심하고 깊이 있게 살피고 느낄 수 있는 심미안과 혜안을 갖췄던 것 같다. 곡우(穀雨) 전에 나온 아주 어린 찻잎을 따서 만든 차는 '우전'이라 하여 최고급품으로 분류된다. 곡우~입하에 딴 차로 잎이 펴지지 않은 상태의 여린 새순을 따서 만든 차는 '세작'이라고 부른다.

남도 덖음차를 연구하며 수제차를 만드는 혜우스님은 자신이 만든 우전을 '아직 이른 봄'으로, 세작은 '봄을 담다'라고 이름 붙여 차 이름에 계절의 향기까지 담아내고 있다. 입하 후에 더 자란 잎으로 만든 차를 '보통차' '중차' '중작'이라 한다. 대체로 10~13일 정도 시차를 둔다.

발효 정도에 따른 차의 분류

차에는 차나무의 품종, 산지, 계절, 제법, 형상, 풍미 등에 따라 수많은 이름이 있으며 분류 기준도 확정되어 있지 않지만 보통 발효 정도에 기준을 둔 분류법이 많이 통용되고 있다. 발효 정도, 즉 폴리페놀 옥시디아제(polyphenol oxidase)에 의한 산화 정도에 따라 발효도가 0%인 불발효차(녹차), 20~60%인 반발효차(백차, 화차, 포종차, 우롱차) 및 80% 이상인 발효차(홍차)로 분류된다.

홍차

홍차는 발효도가 80% 이상으로서 떫은맛이 강하고, 다홍색을 띤다. 세계 차 소비량의 75%를 차지한다(녹차는 22% 정도). 홍차는 인도, 스리랑카, 중국, 케냐가 주요 생산국이며 영국과 영연방국에서 많이 소비된다.

홍차도 처음에는 녹차나 우롱차처럼 잎차의 형태로 생산되었는데 티백의 수요가 늘어남에 따라 티백용 홍차가 주류를 이루게 되었다. 그러나 고급 홍차는 여전히 정통 잎차용으로 생산되고 있다. 인도의 다즐링, 중국의 기문, 스리랑카의 우바차가 세계 3대 홍차로 손꼽힌다.

현미녹차

현미녹차는 증제차(찐차)에다 볶은 현미를 혼합하여 만든 차로서 녹차의 산뜻한 맛과 볶은 현미의 구수한 맛이 조화되어 누구나 부담 없이 마실 수 있다. 국내에서 가장 많이 팔리는 제품으로 차를 처음 마시는 초보자에게 적합하다.

차의 향기

●녹차의 향기 성분

정유는 향기성분으로 날잎이 가지고 있는 것과 제조 중에 생성되는 것이 있다. 식품의 향기에 관한 연구는 예부터 과학자들의 흥미의 대상이었다. 그러나 향기 성분이 본래 미량성분이고 변화하기 쉬운 화합물의 복잡한 혼합물이기 때문에 그 화학적 연구는 극히 한정되었다.

신차(新茶 : 그해의 새싹으로 만든 차)의 향기는 헥세놀에 의한 상쾌함에 있고, 물을 부으면 솟아나는 향기에는 황화수소와 디메틸술파이드가 함유되어 있다.

사람은 좋은 향을 맡아서 만족했을 때 근육의 긴장이 풀리고 뇌세포에 휴식과 활력을 가져온다. 찻잎 자체는 상쾌한 향을 기본적으로 가지고 있지만 차를 만드는 과정에서 조금씩 변화하여 여러 가지 향기 성분이 조화된 복잡한 향을 만들어낸다.

맛 성분이 불휘발성 물질이라면 향기 성분은 휘발성 물질이다. 향기 성분은 극히 적은 양이라도 매우 민감하게 작용한다. 제조방법의 차이에 의해서도 달라지는데 덖음차와 증제차의 향기 성분 조성은 다르다.

●덖음차의 향기 성분

덖음차는 증제차에 비해 열을 더 많이 가하기 때문에 증제차보다 풋냄새가 감소되고 구수한 냄새가 증가된다. 녹차를 덖는 과정이나 마지막 단계인 열처리 과정에서 피라진류, 푸란류 및 피롤류가 생성되며, 이들 화합물은 덖음차 특유의 구수한 향에 기여한다.

●발효차의 향기 성분

녹차는 초록색을 유지하기 위해 열을 가해서 발효를 억제시켜 만든 차이다. 반면에 홍차는 적극적으로 차잎을 발효시켜 고유의 홍차색이 나도록 한 발효차이다. 발효과정에서 복잡한 화학반응이 진행되어 홍차는 녹차보다 많은 향을 생성하게 된다. 우롱차도 독특한 향을 가진다.

최성희 교수(동의대 식품영양학과)의 〈우리차 세계의 차〉 중에서

보이차

보이차는 후발효차(後醱酵茶)다. 곰 팡이 등 미생물에 의해 오랫동안 발효 한 것이다. 찻잎을 우려낸 색은 홍차 보다 짙은 적갈색이어서 흑차(黑茶)로 통한다.

발효가 진행되면서 위에 부담을 주 는 성분과 떫은맛이 제거된다. 보통의 차는 그해 나온 햇차를 귀히 여기지만 보이차는 오래 묵힐수록 고가품이다. 보이 차는 아열대 기후 지역인 중국의 윈난(雲南), 시솽반나(西雙版納), 쓰마오 (思茅)에서 주로 생산된다.

보이차의 구수한 맛과 약간의 지푸라기 섞인 곰팡이 냄새(별명 이 곰팡이차)는 기름진 음식과 잘 어울린다. 혈중 콜레 스테롤 수치를 낮추어 주고 동맥경화와 비만을 방 지하며 소화를 돕고 위를 따뜻하게 하며, 숙취 · 갈증 을 해소하는 데도 효과가 있는 것으로 알려진다.

녹차 산업은 성장 산업이다

웰빙 붐을 타고 녹차 시장 규모가 매년 늘어나고 있다. 1990년 국내 녹차 시장은 300억 원 수준이었으나 95년 900억 원, 2000년에는 2500억 원으로 증가했으며 2003년에는 무려 4500억 원으로 늘었다.

지금 녹차 산업은 우리나라 농업 부문에서 성장 산업으로 각광을 받고 있다. 특정 지역에 국한되긴 하지만 산지에서는 다른 어떤 작목보다 지역 경제에 미치는 효과가 큰 산업이다. 녹차 잎을 이용해 만든 가공품 소득이 배나 사과, 고추 등 다른 작물보다 훨씬 높은 것으로 나타나고 있다.

평당 소득 높고 관광자원화도 가능

전남 보성군 차 시험장에 따르면 300평당 녹차의 생엽(生葉) 소득은 연간 320만 원, 가공제품은 950만 원에 달하는 것으로 나타났다. 반면 배의 가공제품 300평당 소득은 평균 170만 원, 사과 150만 원, 고추 140만 원, 감귤 100만 원, 벼 70만 원, 마늘 70만 원 등으로 나타나 녹차가 이들 작물보다 무려 6~13배의 소득을 올리는 것으로 조사됐다.

녹차 농가들이 모여 생산자 조합을 만들고 직접 소비자에게 녹차를 판매한다면 수입은 더욱 늘어날 수 있다. 이처럼 녹차가 지역 경제에 미치는 긍정적인 효과로 인해 매년 녹차 재배 면적과 생산량도 급속히 늘어나고 있다.

또한 보성다원과 지리산 쌍계사, 제주도 오설록에는 수많은 관광객들이 몰려들고 있다. 녹차 재배 지역이 관광자원으로 급부상하고 있는 것이다.

한편 현재 진행 중에 있는 WTO 농업협상으로 수입 녹차에 대한 관세율이 완화된다면 수입 녹차가 국내 시장을 크게 잠식할 것이라는 우려도 제기되고 있다. 현재 우리 나라 녹차 산업은 초기 발전 단계로서 500% 이상의 고관세로 보호되고 있기 때문이다. 특히 주요 녹차 생산국인 중국이 인접해 있고 값싼 중국산의

가격경쟁력이 높기 때문에 관세율의 추가 감축 정도가 국내 녹차 산업에 커다란 영향을 미칠 것으로 전망된다. 아무리 녹차의 소비가 늘어난다 하더라도 녹차 재배 농가의 수입 증대로 이어지지 않는다면 큰 낭패일 수 있으므로 이 부분은 정부와 각 지자체의

적극적인 지원과 전략이 필요한 것으로 보인다.

비싼 가격이 국산 녹차 대중화의 걸림돌

국산 녹차 유통의 가장 큰 문제점은 비싼 가격이다. 대부분 전통적인 잎차 시장에 의존하고 있고 가내수공업적인 생산자 주도 하에 가격이 결정되므로 이웃 나라에 비해 상대적으로 높은 가격이 형성되어 소비 확대에 걸림돌이 되고 있다. 중국산은 물론 일본산과 비교해도 4배 정도 높은 가격에 거래된다. 현재 차의 대중화를 주도하는 티백과 음료의 원료는 대부분 값이 싼 중국산으로 이루어지고 있는데 때로는 중국산 녹차가 국산으로 둔갑하여 유통되기도 한다.

최근에는 중국차 열풍으로 중국차를 많이 즐기는 편인데, 철관음차나 우롱차, 보이차 등이 주류를 이룬다. 또한 일본 말차나 실론차도 인기가 높다. 소비자는

가격 대비 품질을 따지게 되므로 값싼 차를 선호하게 되고 국산 녹차는 점점 설자리를 잃게 된다. 생산비를 줄여 녹차 판매 가격을 낮추고 소비를 증대시키는 방안을 강구해야 한다. 신토불이라는 구호에 무작정 안주하여 비싼 녹차만을 고집해선 안 될 것이다.

녹차 산업 발전 전략이 필요하다

어떤 종류의 차를 선택하여 음용하는가는 소비자의 자유이다. 값비싼 수제녹차를 듬뿍 소비하여, 농가소득이 보장된다면 얼마나 좋겠는가? 그러나 현실은 그렇지 않다. 자연산 녹차를 이용한 수제녹차는 생산량에 한계가 있다. 그리고 애용할 수 있는 다인들도 별로 많지 않다. 소비에 한계가 있다. 시장의 요구에 맞는 다양한 제품들이 생산되고 값비싼 고급 제품에서부터 저렴하고 대중적인 녹차도 제공되어야 한다.

선진적인 재배기술의 도입을 촉진하기 위하여 녹차 재배면적의 규모를 키워야 한다. 그리하여 농가당 수확량이 늘어나고 기계화로 노동생산성이 한층 높아져야 한다. 품종과 재배기술의 차이는 5배, 재래식 수작업과 기계화의 차이는 무려 1000배나 된다. 녹차 산업은 가공식품으로 소비가 이루어지기 때문에 우수한 가공기술과 능력을 확보하는 것 또한 중요하다. 녹차 재배농가의 집단화로 산지 조직화가 이루어져 차 가공의 공동화 · 기계화가 적극 추진되어야 할 것이다.

녹차 산업은 우리 농업에서 차지하는 비중이 상대적으로 작아 주요 농정대상 품목에서 제외되어 왔다. 그러나 녹차 산업은 전통 및 문화계승 측면에서의 부가가치가 큰 산업이다. 보성다원과 지리산 쌍계사, 제주도 오 설록에 관광객들이 몰려들면서 녹차 재배 지역이 관광자원으로 급부상하고 있는 것처럼 수익을 극대화할 수 있는 다각적이고 적극적인 산업발전전략이 필요하다.

품질과 신용을 발판으로 하는 판로가 중요하다. 직접 판매망을 가동하고 가격도 낮추어야 한다. 소비 촉진을 위해서는 소비수요에 대응한 다양한 제품개발과 소비확대를 위한 적극적인 홍보가 요구된다.

농약잔류물 기준치 강화와 함께, 국산 녹차의 안전성도 제고할 수 있도록 무농약 유기재배기술의 보급을 통한 외국산과의 차별화 대책도 요구된다. 녹차 소비자들의 농약에 대한 불안감이 잔존하고 있기 때문이다. 국산 녹차의 신뢰도를 높여 나가야 하며 중국산 녹차가 국산으로 둔갑하여 유통되는 데 대한 대책도 마련되어야 할 것이다.

빠르게 늘어나는 녹차 생산이 언젠가는 포화 상태에 도달할 것이라는 우려는 우려일 뿐이다. 녹차 소비자와 상품의 관계는 무한히 펼칠 수 있는 상상력에 의해 주로 형성되므로 다양한 방법으로 소비시장을 확대해 갈 수 있다. 가공기술을

더욱 향상시켜 우리 기술로 더욱 향이 뛰어나고 맛있는 차를 만들어낼 때 우리의 전통차인 작설차가 차 문화의 중심에 우뚝 서게 될 것이다. 녹차상품이 웰빙시대를 이끌어가는 건강식품으로 자리 잡고 한국적인 삶의 문화적 상징이 되면 녹차 소비는 계속 증가할 것이다.

유기농 녹차 – 자연스러운 삶을 위한 도구

차를 생산하는 대부분의 사람들은 초여름에 비가 오면 질소비료를 뿌려주고 싶은 충동을 느낀답니다. 요소비료를 뿌려놓으면 새순이 미친 듯이 올라오니까요. 차의 그윽한 맛과 향을 죽이는 것이 화학비료입니다. 마치 인스턴트 식품을 먹은 사람의 체질이 산성화되고 알레르기 체질이 되듯이 차나무 또한 그렇습니다. 차나무는 생명력이 강해서 거름을 주지 않아도 그 어떤 땅에서도 잘 자라는데, 그것을 그냥 두지 않는 사람들의 욕심이 탈입니다.

유기농 녹차를 재배하는 한 농부의 말이다.
유기농산물은 볏짚과 낙엽을 쌓아 발효시킨 퇴비나 외양간두엄 등 유기물만으로 길러지며 병해충과 잡초의 방제에 농약 등 화학 약품을 쓸 수 없다. 유기농 토양으로 인증을 받으려면 잔류농약은 물론 오염된 지하수의 유입 여부도 확인돼야 한다. 문제가 되는 것은 식물 표면에 남아 있는 잔류농약이다. 유기농법으로 재배한 녹차를 마시면 농약과 화학비료 성분이 몸에 들어올 위험은 확실히 줄어든다. 그러나 화학비료나 유기농약을 쓰지 않은 자연산 녹차는 단위 생산량도 적고 생산원가가 비쌀 수밖에 없다.
한 가마에 100만 원이나 하는 유기농 쌀은 서민들에게는 그야말로 '그림의 떡'이다.
하물며 100g 한통에 20~30만 원 하는 수제녹차는 어떠할까?
식물에게 공급하는 양분의 측면에서만 본다면 유기비료든 화학비료든 아무런 차이가 없다. 기본적으로 품종과 재배장소 및 재배방법에 따라 영양가가 좌우한다.

현재 우리 나라의 녹차재배는 재래종 단일품종 중심 재배로 수확량이 낮으며 병충해 관리문제 등이 유발되고 있다. 10a당 수량은 생엽을 기준으로 1990년 330kg에서 2000년 418kg으로 향상되었으나 일본의 891kg에 비해 현저히 낮은 수준이다. 녹차재배 기술의 향상으로 수확량을 늘려 가는 것이 중요하며 결국 적절한 비료를 필요로 한다. 농업 전문가들은 유기농산물을 건강식품으로 맹신하기보다는 '자연스러운 삶을 위한 도구'로 이해하기를 권한다. 유기농업은 자연환경을 보전하고 지구를 건강하게 만든다. 따라서 인간도 자연히 건강하게 만든다는 것이 유기농식품의 진정한 가치다.

지역혁신 박람회에서 대통령상 받은 보성군

 보성에서는 신라시대부터 차를 재배해 왔지만 1990년대 중반까지도 별다른 각광을 받지 못했다. 보성군은 발상의 전환으로 어려운 현실을 타개하고 경제효과를 높이기 위해 녹차를 지역 주력산업으로 선정하고 아름다운 차밭 풍경을 적극 홍보하는 등 새로운 접근을 통해 오늘의 성공을 이끌어냈다.

 보성 차밭의 빼어난 경관을 보기 위해 매년 500만 명 이상의 관광객이 몰려오고 있다. 거기에 각종 드라마 영화 광고 촬영지로 각광받는 등 새로운 전성기를 맞아 녹차 재배와 판매를 통해 연간 2246억 원의 소득창출 효과를 거두고 있는 것이다.

제1회 '대한민국 지역혁신박람회'에서 대통령상을 차지한 하승완(河昇完) 전남 보성군수는 언론과의 회견에서 "웰빙 열풍을 타고 국내 녹차 시장규모가 급속도로 커지고 있지만 아직 일본 중국에 비해서는 뒤떨어져 있다. 앞으로 재배 면적 확대와 품종 개량은 물론 제품 다양화와 고품질화를 통해 보성녹차의 부가가치를 더욱 높여 나가겠다"며 의욕을 보인다.

지리적 표시제 1, 2호 '보성녹차' '하동녹차'

특정 지역의 지리적 요인이 상품의 특성과 명성에 영향을 미치는 경우 지명을 상표로 등록, 배타적 권리를 부여함으로써 명품을 육성하는 제도로 '스카치 위스키' '코냑' 등이 대표적인 성공 사례. 국내에서는 1999년 농산물품질관리법을 통해 도입된 이후 2002년 '보성녹차'가 제1호로 등록됐다. 제2호는 '하동녹차'이다.

화개농협녹차

보성녹차상품

WellBeing Sense

녹차의 도시 하동, 수제茶 세계화 나선다

신라 흥덕왕(828) 때 당나라 사신으로 간 대렴공이 차씨를 가져와 왕명으로 처음 심었다는 이곳은 지방기념물 제61호로 지정돼 있다. 매년 5월 야생차 축제 기간에는 전국 녹차 애호가들이 모여 다례식을 갖는다. 화개천 일원에는 국내 유일의 차 문화센터가 있다.

하동 녹차는 지리산과 섬진강이 어우러진 청정 지역에서 자란 야생 찻잎을 수천년 동안 이어져 온 덖음 방식으로 빚어낸 전통 수제차이다. 화개천 계곡에서 쌍계사를 지나 법왕리 신흥마을에는 지리산 자락 곳곳 20여 만 평에 야생 차밭이 조성돼 있다. 그리고 200여 개 다원(茶園)이 모여 있다.

조 유행 하동군수는 "하동은 차 시배지일 뿐만 아니라 지난해 경주에서 개최된 제1회 대한민국 차 품평회에서 우수차 10개 가운데 하동 녹차가 7개를 차지하는 등 명성을 떨치고 있지만 과학적으로 입증되지 않아 아쉬움으로 남는다. 2009년 녹차과학연구소가 설립되면 녹차의 기능성을 과학적으로 규명해 세계적 명차로 육성할 수 있을 것"이라고 기대한다.

하동군은 야생 녹차의 전통을 살려 과학기술부 지원으로 사업비 180억 원을 들여 화개면 부춘리에 2009년까지 녹차과학연구소를 설립, 녹차의 세계화에 나설 계

획이다. 녹차과학연구소에서는 녹차와 관련한 기능성 제품 개발과 의학ㆍ생명과
학 등의 과학적인 연구를 통해 국가 경쟁력을 확보한다는 계획이다.

칠기 원목 다반상 위에
황토나염 곱게 물들인
다포 깔고
지리산 야생 작설차 마주하며

산사의 풍경 소리
속절없이 헤는 마음
무심한 개을 물소리만
정적을 깨우네.

연꽃 다기잔에 모진 인연
따뜻한 체온으로 감싸 안을 때
순결의 묵은 세월
찌꺼기를 걸러 올리는 순간

순백의 이슬방울
빈손으로 가두우고
세상 역겨움 바람처럼 둘러메고
반야교를 넘나들 제

수도승 염불소리
산문 밖을 서성이네.

— 황인하 / 쌍계다원에서 —

순천시, '순천차(茶)'로 야생차 브랜드 단일화

순천시가 지역에서 생산되는 차를 '순천차(茶)'로 단일 브랜드화하고, 낙안읍성 내에 차 삼림욕장과 녹차 체험관을 조성하는 등 차 문화 발전에 발 벗고 나선다. 순천시는 지역에서 생산되는 녹차가 경쟁력 있는 전국 브랜드로 발전할 수 있다고 판단하고 이를 토대로 '순천차(茶)' 산업 발전 방안을 마련했다. 인위적으로 차 재배 면적을 늘리지 않으면서 차 애호가들이 안심하고 즐겨 마실 수 있도록 녹차 체험관 등을 건립해 부가가치를 높일 수 있는 차 산업 발전 방안을 의욕적으로 추진하고 있다.

순천의 자생차는 허균이 지은 시문집에 '작설차는 순천산이 제일 좋고 다음이 변산'이라는 내용이 있을 정도로 그 품질의 우수성을 인정받아 왔다. 순천시 관계자는 "그동안 순천 야생차가 뛰어난 품질로 명성을 이어왔지만 재배 규모가 적은데다 산발적으로 생산되면서 그 가치를 제대로 인정받지 못한 면이 있다. 야생 그대로 자란 웰빙차로 브랜드화하면 일반 차와 차별화된 '순천 차'만의 가치를 되찾을 수 있을 것"이라고 말한다.

또한 순천 선암사와 혜우스님의 전통덖음차 제다교육원, 차 농사의 매력을 보여 주는 토부다원 등은 녹차 체험 관광 자원으로 개발해도 손색이 없을 만한 명소들이다.

선암사는 사찰 자체로서도 워낙 유명하지만 꽃과 차(茶)로 이름난, 아름다운 절이다. 유달리 넓고 부드러운 어깨를 지닌 조계산을 사이에 두고 송광사와 동서로 갈라져 자리 잡고 있다. 은근하고 그윽한 분위기가 일품이다. 선암사의 명물인 차(茶). 무성한 차나무가 군락을 이룬 차밭은 선암사의 운치를 더욱 그윽하게 그려낸다. 이곳에서는 승방을 기웃거리는 낯선 속세인을 은은한 미소로 손짓해 불러 작설차를 우려내 대접하는 스님도 만날 수 있다.

황전면 비촌리 섬진강가 작고 아름다운 폐교에 자리 잡은 혜우전통덖음차 제다교육원(061-782-1443)은 전통덖음차 제다법을 가르치는 최초의 교육원이다. 지역에 관계없이 차 농사를 짓는 농민들과 차 산업에 뜻을 둔 이들에게 우리 나라

만의 독특하고 우수한 전통덖음차 제조법을 혜우 스님이 직접 무료로 가르친다. 또 체험교실에서는 중작이 나오는 5월 10일경부터 전통덖음차를 직접 만들어 보고 싶은 이들에게 차의 참맛 강의와 차를 완성하기까지의 과정을 가르친다. 미리 교육원과 의논해야 일정을 잡을 수가 있으며 초·중·고생을 위한 다도교실도 있다.

열린 다실은 전통덖음차의 맛과 향을 느낄 수 있는 곳으로 누구나 오며가며 쉴 수 있는 열린 공간으로 혜우 스님과 차를 마시며 차 이야기를 나눌 수 있는 곳이기도 하다. 다실 뒤쪽으로 나서면 맑고 푸른 섬진강물에 손을 드리울 수도 있다.

상사호 인근의 산자락에 자리한 토부다원은 지리적 여건과 자본력이 잘 결합된 경관 좋은 차밭이다. 차 농사의 매력과 비전을 한눈에 보여 준다고나 할까. 차에 관심 있는 사람이라면 꼭 한번 둘러보고 싶을 만한 곳이다.

녹차의 변신이 눈부시다

찻잔 속에서 우아하게 품위를 지키던 녹차의 변신이 눈부시다. 녹차 붐은 녹차 응용 제품들의 인기로 이어지고 있다. 특히 녹차음료의 매출은 불황이라는 음료 소비시장을 무색케 할 정도로 인기를 끌고 있다. 녹차에 들어 있는 카테킨 성분 때문이다. 카테킨은 항산화 작용으로 각종 성인병과 암 등을 억제한다.

찻잎을 물에 우려 마실 경우 비타민A, E와 단백질이 녹지 않기 때문에 섭취할 수 있는 녹차의 영양소는 30% 정도에 불과하다. 찻잎을 그대로 곱게 갈아 만든 가루녹차는 영양 성분을 전부 섭취할 수 있어 특히 비만에 효과가 높다. 스틱형 으로 포장된 식이섬유 가루녹차 등이 잇따라 선을 보이고 있다.

녹차는 피부를 진정시키며 피부노화도 막아준다. 녹차를 이용한 미용 요법은 젊은 여성들과 주부들을 상대로 커다란 인기를 누리고 있다. 녹차 비누, 녹차 팩, 바디샤워, 녹차 클렌징폼까지 다양하다. 향수, 마사지 오일 등 녹차 추출물을 이용해 만든 화장품의 종류만도 20여 가지가 넘는다.

녹차가 레몬의 5배나 되는 비타민C를 함유하고 열량이 거의 없는데다 성인병 예방 효과가 있는 대표적인 웰빙형 먹거리로 알려지면서 녹차와 우유를 섞은 녹차우유나 녹차의 향과 두유의 고소한 맛이 한데 어우러져 깔끔한 맛을 내는 녹차베지밀과 녹차 두유도 선보였다.

음료 및 과자업체들도 경쟁적으로 녹차 성분을 이용한 각종 제품을 내놓고 있다. 한국야쿠르트는 면발에

녹차와 클로렐라를 함유한 '녹차클로렐라 라면', 삼립식품은 '보성녹차 카스테라', 여수전통한과에서는 녹차연양갱, 녹차쌀강정, 녹차다식, 녹차들깨 호두말이 등을 내놓았다. 음료도 동원F&B(동원보성녹차), 롯데칠성(지리산 生녹차), 해태음료(온장고용 티녹차), 동아오츠카(그린 타임), 현대약품(다슬림), 웅진식품(다실로) 등이 경쟁적으로 제품을 내놓고 있다.

  껌에 녹차성분을 다량 함유한 녹차 껌, 말차를 이용한 녹차 아이스크림이나 생식, 과자, 떡 등도 다양하게 출시되고 있다. 전문커피숍에서도 녹차를 첨가한 '녹차라떼', '그린티' 등을 개발, 좋은 반응을 얻고 있다. 녹차 추출물을 가공해 땀냄새를 제거하고 피부 알레르기를 감소시키는 기능성 내의와 냉장고 탈취제도 있다. 최근에는 녹차의 씨에서 뺀 기름을 넣은 식용유가 중국에서 들어오고 있다. (주)다유선이 신세계 현대 백화점 등에서 '참맑은 녹차유'를 판매중이며, 동일엠티에스도 곧 '윤심(潤心) 녹차유'를 백화점을 통해 판매한다고 한다.

왜 녹차자판기는 없을까?

제가 녹차를 좀 좋아하거든요. 그런데 자판기에서 보면, 커피, 율무, 심지어 잘 안 찾는 한차까지 있는 경우가 있습니다. 오히려 더 잘 팔리는 녹차를 놔두고 왜 그럴까요? 녹차는 티백이라 그냥 떨어뜨리만 주면 되니 더 쉬울 텐데…. 아, 캔녹차는 제외하구요. 따뜻한 음료에서만 말입니다.

어느 인터넷 게시판에 실린 질문이다. 이처럼 녹차의 인기가 높아지고 있는 요즘 커피 대신 녹차를 자판기에서 마시고 싶다는 바람을 가진 사람들이 의외로 많다. 그런데 방금 우려낸 따뜻한 녹차를 저렴한 가격에 제공해 주는 녹차 자판기는 왜 없는 걸까?

시중에서 쉽게 찾아볼 수는 없지만 사실 녹차자판기는 이미 나와 있다. 캐리어LG에서 생산하는 모델로 녹차 티백(tea bag)과 뜨거운 물이 담긴 종이컵이 따로 나오는 방식이다. 이 자판기는 녹차뿐 아니라 캔 음료, 커피 등을 함께 판매하고 있다. 이 녹차자판기는 티백이 따로 나오는 방식이라 다소 불편하고 우려내서 마셔야 하기 때문에 보급이 잘 되지 않는 실정이다.

커피처럼 녹차가루와 물이 함께 나와 바로 마시게 하는 것은 자판기 특성상 기술적으로 어려운 점도 있다. 기본적으로 녹차전용 자판기를 만들면 실현 가능하지만 녹차만 판매하는 자판기를 만들 만큼 수요가 아직 많지 않은 것이 현실이다. 또한 어느 정도 품질이 보장된 녹차를 공급하려면 녹차 전용 자판기의 가격과 원가가 매우 비싸진다는 또 다른 이유도 있다. 참고로 커피의 마진율은 커피 한 잔이 300원이라면 원가는 50원 정도인데 자판기용 가루녹차

는 워낙 비싸기 때문에 이 정도 마진이 나오기 어렵다.

커피전문 제조회사인 (주)코빈에서는 2004년 8월 녹차라떼 전용 자판기를 OEM방식으로 생산 출시하고 있다. 회사측은 이 녹차라떼 자판기가 웰빙시대에 발맞춰 향후 미니자판기 시장의 흐름을 바꿔놓지 않을까 하는 기대를 갖고 있다. 이 자판기에는 일본산 고급 녹차만을 사용하므로 녹차 특유의 떫은맛이 없으며, 부드럽고 풍부한 거품의 매력을 지니고 있어 새로운 감각의 맛을 전해줄 것이라고 회사측은 강조한다.

초록빛 차향 담긴 녹차된장

전남 보성의 성원식품은 '녹차 추출물 함유 된장 제조방법'을 개발해 특허를 획득했다. 된장을 만들 때 그냥 녹차가루만 넣으면 골고루 섞이지 않기 때문에 별도의 녹차추출물을 함께 넣는다. 녹차추출물 함량이 4% 이상이다.

몸에 좋은 전통된장과 녹차가 만났으니 건강에 좋고 맛도 유별나다. 녹차된장은 냄새가 없고 짜지 않아 젊은 사람들에게도 반응이 좋다. 녹차된장은 일반된장에 비하여 열량이 낮고 항산화활성도가 높으므로 장기간 섭취하면 비만예방 및 노화방지에 효과가 있다고 한다. 이곳에서는 찻잎 고추장장아찌도 생산한다. 저온저장고에서 3개월 이상 숙성시켜 고추장 맛과 간이 제대로 밴 녹차잎 장아찌는 녹차향과 쌉쌀한 맛이 배어나 입맛 없을 때 밑반찬으로 좋다. 전통된장과 고추장 등 녹차의 만남이 기능성 장류의 새로운 가능성을 보여주고 있다.(문의 061-853-3529)

스타벅스에서도 녹차를

세계에서 가장 큰 고급커피전문점 스타벅스는 현재 세계에 2000개의 커피점을 운영하고 있다. '스타벅스'라는 상호는 소설 '모비딕'에서 커피를 사랑하는 일등 항해사의 이름을 빌렸으며 그리스 신화에 등장하는 인어 '사이렌'을 심벌로 삼았다.

1983년 이탈리아 밀라노를 방문한 스타벅스의 창업자 슐츠는 이탈리아의 위대한 산물인 에스프레소 바 분위기에 홀딱 반하고 말았다. "기막힌 커피, 아니 그 이상이었습니다. 대화, 공동체, 인간적 유대감을 느낄 수 있는 분위기였습니다. 훌륭한 커피는 그 매개체였죠."

1999년 국내에 상륙한 스타벅스는 전국에 수십 개의 매장을 가지고 있고 한 해 평균 30~40%의 고성장을 거듭하고 있다. 스타벅스의 빠른 한국 정착을 두고 해석이 분분하지만 가장 중요한 요인은 소비층의 감성(感性)을 건드렸기 때문이다.

스타벅스는 황금 소비층인 젊은 여성 세대의 취향과 습관을 연구했고, 고객의 입맛에 따라 '맞춤 커피'를 개발했다. 낭만적인 경험을 할 수 있는 공간으로 매장을 꾸몄고, 마침내 참을성 없는 그들을 10여 미터 줄 서서 기다리게 만들었다.

여기서 감성세대란 개인을 위한 소비를 주로 하는 층이다. 경기불황에도 소비심리가 위축되지 않는 20대 초·중반 젊은이들이다. "한끼 식사에 버금갈 정도로 가격이 비싼 편이지만, 분위기가 색

다르고 다양한 맛을 볼 수 있어 별로 아깝지 않다."고 생각한다. 비싼 커피를 마시느니 점심을 좀더 맛있고 비싼 것으로 먹는 게 합리적이라고 생각하는 전통적 사고에서 스타벅스에서 점심값에 버금가는 카페라떼를 마시는 사치가 하나의 문화로 정착되어 가고 있다.

영어 간판을 쓰지 않는 인사동 스타벅스

스타벅스가 영어로 된 간판을 쓰지 않는 곳이 전세계에서 단 두 곳(?)이라고 한다. 그 중 하나가 인사동이다. 한글 간판을 달고서 영업을 하고 있다. 한국의 문화적 자존심을 존중하기 때문이다. 그러나 영업방식은 똑같다. 여기서도 커피를 판다.

인사동에는 전통찻집이 많이 있다. 이러한 전통찻집도 보수적 사고에서 벗어나 스타벅스 같은 곳으로 만들면 어떨까? 뜨거운 녹차, 시원한 식혜, 수정과를 들고 다니면서 인사동의 문화거리를 감상할 수 있다면 더 좋겠다. 녹차를 마시는 방법에도 시대가 요구하는 변화의 바람이 불어야 한다. 테이크아웃 녹차는 가능하다.

녹차 메뉴 갈수록 강세

요즘 많은 직장인들이 점심식사 후 커피 대신 녹차 음료를 마시려고 노력한다. 회사 동료들과 간식을 먹을 때도 요즘 뜨고 있는 요구르트 아이스크림이나 녹차 빙수 등을 즐겨 먹는다. 커피 전문점 스타벅스에서도 녹차 메뉴가 갈수록 강세를 보이고 있다. 스타벅스 측은 "전년 대비 올해 매출이 전체적으로 상승한 점을 고려하면 놀라운 성장률이다. 그린티 프라푸치노 외에 그린티 라떼 등 새로운 메뉴 개발을 고려하고 있다"고 한다.

새로운 녹차전문점 '오 설록 티하우스'

    태평양이 2004년 4월 명동 한복판에 문을 연 녹차 카페 '오 설록 티하우스'는 하루 1000여 명의 고객이 몰리는 성황을 누리고 있다. 이 가운데 80% 정도가 트렌드를 앞서가는 20대 젊은 여성층이다. 명동을 찾는 일본 관광객들에게도 인기다. 서울 강남역 부근에 2호점도 문을 열었다.

    새로운 명소 오 설록 티하우스에는 최상의 녹차를 재료로 한 녹차 쿠키, 케이크, 에스프레소, 아이스크림 등 종류와 맛도 가지가지로 구비되어 있다. 스타벅스를 연상시키는 대형화되고 현대화된 인테리어로 경쾌하게 꾸며 젊은 사람들의 취향을 배려하였다.

이곳에서 파는 모든 음료와 케이크 등 먹거리에는 녹차 성분이 들어 있다. 정통 고급 녹차 일로향에서부터 그린 카푸치노, 그린 망고라떼, 그린티 피나콜라다까지 30여 가지의 녹차 음료와 녹차 아이스크림이 새로운 메뉴로 개발돼 있다.

제주도에서 다원을 운영하고 있는 태평양은 좋은 반응에 힘입어 "앞으로도 20~30대의 여성 유동인구가 많은 상권을 중심으로 사업영역을 확대해 나갈 계획"이라고 한다. 오 설록에서도 인상 깊은 것은 인간중심 경영이다. 그리고 고객감동이다. 녹차를 파는 동시에 편안함을 주는 문화를 팔고 있다고나 할까? 누구나 부담 없는 가격으로 편히 쉬다 가게 하는 고객 만족 경영이 우리를 그곳에 좀더 가까이 다가가게 만든다.

웰빙이 살아 있는 한국적인 차 문화 만들자

　　스타벅스나 오 설록에 감성세대가 몰리는 이유는 웰빙(well-being) 트렌드의 영향이라 생각된다. 웰빙은 무엇보다도 식생활에서 확연히 나타난다. 낭만적인 분위기에서 맛과 향이 뛰어난 에스프레소 커피를, 또는 녹차를 마시는 것 그게 바로 웰빙이다. 웰빙은 생명과 자연의 가치를 중시하고, 건강을 최우선으로 삼는다. 웰빙이나 스타벅스의 인간 중심 철학은 기왕의 서구 모더니즘 문명에 대한 자기반성에서 나왔다고 볼 수 있다.

　　또한 웰빙은 자연 속에서 참 생명력을 찾자며 녹차를 음미하였던 우리 선조들의 삶의 방식과 흡사하다. 서구화돼 가는 우리 사회도 지난 세월을 되돌아보며

진지한 자기반성이 있어야 한다. 서구문화의 일방적 따라하기가 우리 삶의 질을 향상시킨다고 할 수는 없다. 자연과 차를 사랑하였던 우리 선조들의 삶의 모습을 관조하며 우리다운 삶의 방식을 진지하게 되물어야 한다.

감성세대가 열광한다고 스타벅스의 커피를 오 설록의 녹차로 바꾸어 무작정 따라갈 수만은 없다. 스타벅스의 열풍, 그리고 오 설록의 열풍은 우리를 진정 건강하고 행복하게 해주는 것일까 하는 물음으로 이어져야 한다.

녹차 한 잔 마시는 것에도 전통 문화유산에 대한 현대적 변용 노력이 필요하다. 웰빙이 살아 있는 한국적인 차 문화에 스타벅스의 문화를 접목시키는 노력을 해야 한다. 바로 퓨전 차 문화이다. 한국만의 독특한 차 문화에 대한 재발견으로 이어지고 글로벌한 차 문화로 재탄생되어야 한다. 녹차 한 잔에도 우리만의 독특한 문화가 스며 나와야 한다. 울긋불긋한 붉은 악마가 쏟아내는 "대-한-민-국-" 함성이든 서편제의 구슬픈 가락이든 가슴을 사로잡는 무언가가 필요하다.

세계로 뻗어가는 한국의 차 문화를 위하여 저명한 몇몇 분의 영웅적 주장 정도로는 역부족이다. 정치, 경제, 문화예술계가 합심하여 새로운 문화를 창조해 가는 것이 중요하다고 생각한다. 21세기는 문화의 세기이고 문화는 돈이다. 우리만의 독특한 차 문화가 세계인들의 사랑을 받을 수 있도록 노력해야 한다. 오 설록의 뉴욕점, 북경점, 동경점이 오픈되기를 기대한다. 스타벅스가 세계를 점령한 것처럼 우리의 차 문화사업이 세계를 석권하지 못할 이유는 없지 않은가?

※참고문헌 : 「수입자유화에 대응한 녹차산업의 발전방안 연구」 박문호 · 임송

봉화산의 녹차밭, 웰빙을 넘어 드림으로

　　오월의 태양이 찬란하게 빛난다. 새순 돋아나는 차나무 사이로 흘러드는 바람
도 싱그럽다. 도심을 병풍처럼 둘러싸고 있는 봉화산에 붉은 철쭉들이 만발하여
마치 화관을 쓴 것 같다. 오월의 영광이다.

　　몇 년 전 산불이 봉화산을 다 태워버린 적이 있다. 시커먼 잔재들은 그대로, 시
커먼 절망이었다. 봉화산은 침묵 속에 묵묵히 서서 그 고통들을 이겨내었다. 소
리 없이 신음하면서 싹을 틔우고 푸르름을 키우며 스스로를 치유해 냈다.

　　그리고 지금 눈부신 신록으로 몸을 감싸고 우리를 바라본다. 희망처럼 화사하
게 피어나는 붉은 화관을 두르고 우리에게 나직히 이야기한다. 절망은 스스로 헤
쳐 나와야 하는 심연이라고. 영원으로 향하는 구원의 메시지를 아픔 속에서 전달
하고 있는 것이다. 절망한 자에게 진정한 위로가 될 수 있는 것은 아마도 똑같은
절망 속에 잠겨본 적이 있는 존재이리라.

　　봉화산을 바라보며 한 잔의 차를 마신다. 나에겐 이 순간 녹차와의 만남이 더
없이 소중하다. 찻잔 속에 담긴 노오란 빛은 산란하고 복잡한 마음을 그지없이
편안하게 해준다. 소박한 그 자태에 빠져 들어간다.

　　투명한 찻물 속에서 그윽한 향기가 피어오른다. 차의 고요한 열정은 우리의 영
혼을 영원의 시간과 맞닿게 한다. 따뜻한 사랑이 파도처럼 밀려온다. 내면에서

잠자고 있던 생명의 힘이 물보라처럼 평화롭게 피어난다.

아름다운 바닷가 흰구름처럼 밀려왔다 부서지는 파도소리를 듣는다. 맨발로 모래사장을 뛰노는 아이들의 티없는 웃음소리도 듣는다. 파도는 쉴새없이 밀려오고 사라진다. 우리가 알지 못하는 깊은 심연에서 밀려와 해안가 바위에 하얀 포말로 부서진다. 아이들의 맑은 웃음소리는 파도를 타고 영원을 향해 울려 퍼진다.

차의 근본정신은 사랑, 자비, 평화이다. 차와 그 정신이 널리 알려지게 된 것은 인도 향지국(香至國)의 왕자 달마가 중국 소림굴에서 정진할 때 잠을 쫓기 위한 기호음료로 마시면서부터이다. "당신의 마음에 영원한 평화의 마음"이라는 달마대사의 설교를 통해 차는 평화의 메시지로 인식되게 되었다.

평화의 의식재로 알려지기 시작한 차는 점차 우리 문화 깊이 뿌리를 내리며 나름의 독특한 문화가 생성되었다. 조선왕조실록에 따르면, 우리 조상들은 차례상에 차를 올리기도 했다. 녹차 한 잔이 그리운 건 옛것을 사무치도록 그리워하는 집단 무의식이 작용한 게 아닌가 싶다. 우리를 정겹게 다독거리는 그 무언가가 있기 때문에.

이제 다시 우리의 차 문화를 생각해야 할 때다. 한때의 유행처럼 번지다 말 녹차 열풍이 아닌, 지고지순한 가치로 면면히 이어질 차 문화가 우리 생활에 자리

잡아야 하지 않을까? 차를 마시는 진정한 의미와 과정은 생략된 채 상업주의적인 현상만 남게 되는 것은 결코 바람직한 일이 아니다.

차가 지닌 생활건강의 측면과 함께, 마음의 건강과 평화를 기원하는 '한국의 차(茶) 문화'가 부활할 수 있도록 우리 모두 함께 노력해야 할 것 같다. 녹차 웰빙 열풍을 넘어 진정한 차 문화 부흥의 꿈을 이루어가는 데 이곳 섬진강변 여러 고을들이 그 중심에 서서 손을 맞잡고 나아갔으면 한다.

봉화산 자락의 푸른 녹차밭, 5월 맑은 하늘의 정기를 마시며 파릇파릇 자라나는 녹차나무 새순의 숨소리는 생명의 환호성이자 그 새로운 희망의 함성이다.